성취도 그래프

성취도 그래프 활용법
1. 회차별 공부가 끝나면 그래프의 맞힌 개수 칸에 붙임딱지(🐼)를 붙입니다.
2. 그래프의 변화를 보면서 스스로 성취도를 확인하고 연산 실력과 자신감을 키웁니다.

⭐ 회차별로 모두 맞힌 개수입니다.

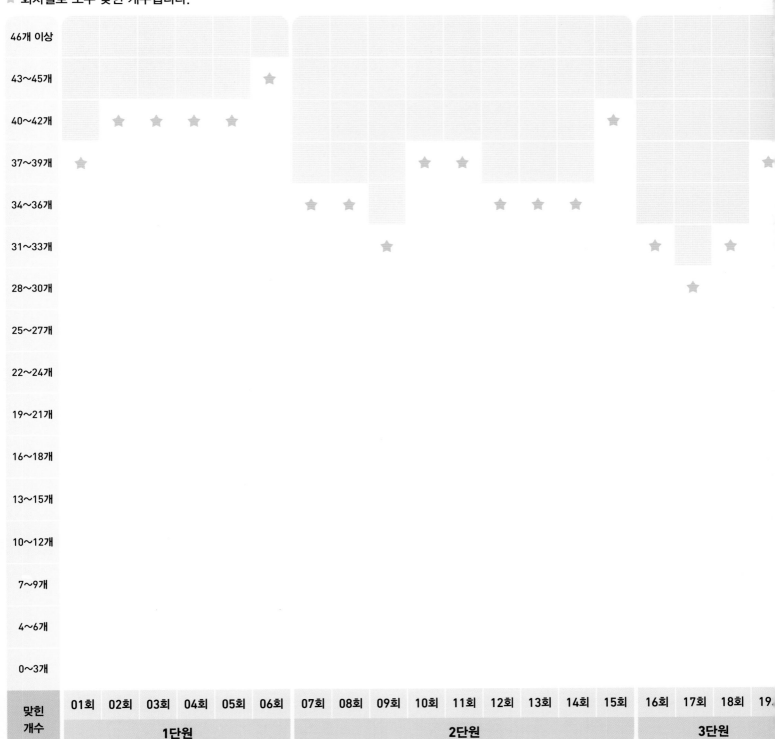

수학은 **수와 연산 영역이 모든 영역의 문제를 푸는 데 연계**되기 때문에
모든 단원에서 연산 학습을 해야 완벽한 수학 기초 실력을 쌓을 수 있습니다.
특히 초등 수학은 **연산 능력이 바탕인 수학 개념이 많기 때문에**
모든 단원의 개념을 기초로 연산 실력을 다져야 합니다.

4학년		5학년		6학년	
1학기	2학기	1학기	2학기	1학기	2학기
1. 큰 수 3. 곱셈과 나눗셈	1. 분수의 덧셈과 뺄셈 3. 소수의 덧셈과 뺄셈	1. 자연수의 혼합 계산 2. 약수와 배수 4. 약분과 통분 5. 분수의 덧셈과 뺄셈	2. 분수의 곱셈 4. 소수의 곱셈	1. 분수의 나눗셈 3. 소수의 나눗셈	1. 분수의 나눗셈 2. 소수의 나눗셈
2. 각도 4. 평면도형의 이동	2. 삼각형 4. 사각형 6. 다각형		3. 합동과 대칭 5. 직육면체	2. 각기둥과 각뿔	3. 공간과 입체 6. 원기둥, 원뿔, 구
2. 각도		6. 다각형의 둘레와 넓이	1. 수의 범위와 어림하기	6. 직육면체의 부피와 겉넓이	5. 원의 넓이
6. 규칙 찾기		3. 규칙과 대응		4. 비와 비율	4. 비례식과 비례배분
5. 막대그래프	5. 꺾은선그래프		6. 평균과 가능성	5. 여러 가지 그래프	

나의 다짐

○ 나는 하루에 4쪽 큐브수학 연산을 공부합니다.

○ 나는 문제를 다 푼 다음, 실수하지 않도록 꼭 검토를 하겠습니다.

○ 나는 다 맞힌 회차를   회 도전합니다.

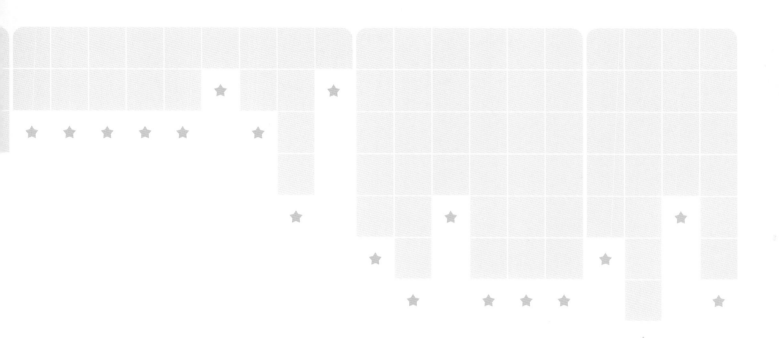

20회	21회	22회	23회	24회	25회	26회	27회	28회	29회	30회	31회	32회	33회	34회	35회	36회	37회	38회
4단원									5단원						6단원			

학년별 학습 구성

> 교과서 모든 단원을 빠짐없이 수록하여
> 수학 기초 실력과 연산 실력을 동시에 향상

수학 영역	1학년		2학년		3학년	
	1학기	2학기	1학기	2학기	1학기	2학기
수와 연산	1. 9까지의 수 3. 덧셈과 뺄셈 5. 50까지의 수	1. 100까지의 수 2. 덧셈과 뺄셈(1) 4. 덧셈과 뺄셈(2) 6. 덧셈과 뺄셈(3)	1. 세 자리 수 3. 덧셈과 뺄셈 6. 곱셈	1. 네 자리 수 2. 곱셈구구	1. 덧셈과 뺄셈 3. 나눗셈 4. 곱셈 6. 분수와 소수	1. 곱셈 2. 나눗셈 4. 분수
도형	2. 여러 가지 모양	3. 여러 가지 모양	2. 여러 가지 도형		2. 평면도형	3. 원
측정	4. 비교하기	5. 시계 보기와 규칙 찾기	4. 길이 재기	3. 길이 재기 4. 시각과 시간	5. 길이와 시간	5. 들이와 무게
규칙성		5. 시계 보기와 규칙 찾기		6. 규칙 찾기		
자료와 가능성			5. 분류하기	5. 표와 그래프		6. 자료의 정리

★ 성취도 그래프의 맞힌 개수 칸에 붙임딱지를 붙이세요.

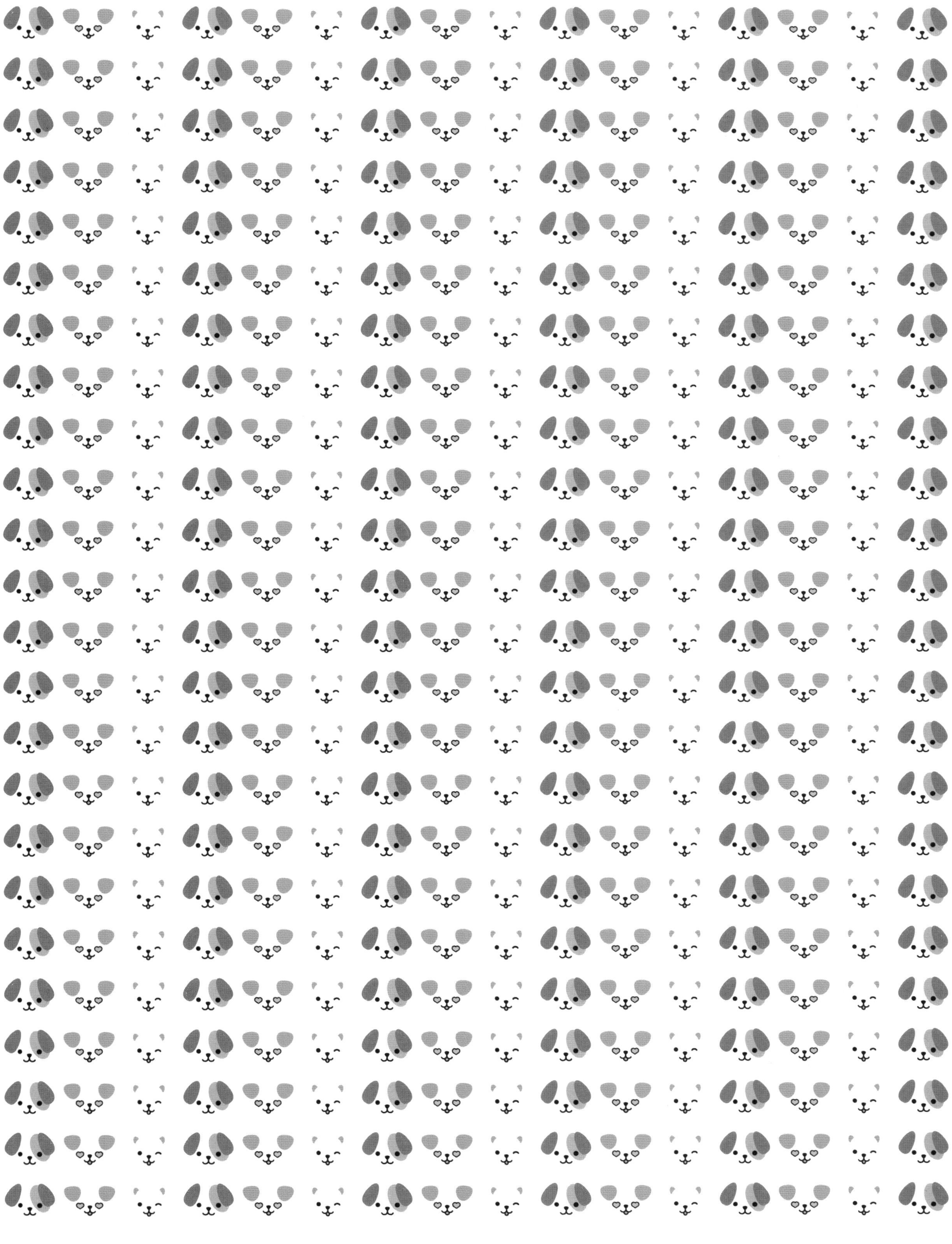

큐브 수학
연산
5-2

특징과 구성

#전 단원
#한 권으로
#빠짐없이

연산 따로 도형 따로 NO,
연산 학습도 수학 교과서의 단원별 개념 순서에 맞게 빠짐없이

수학은 개념 간 유기적으로 연결되어 있기 때문에 교과서 개념 순서에 맞게 학습해야 합니다. 연산이 필요한 부분만 선택적 학습을 하면 개념 이해가 부족하여 연산 실수가 생깁니다. 특히 도형과 측정 영역에서 개념 이해 없이 연산 방법만 공식처럼 암기하면 연산 학습에 구멍이 생깁니다. 따라서 모든 단원의 내용을 교과서 개념 순서에 맞춰 연산 학습해야 합니다.

#하루 4쪽
#4단계
#체계적인

기계적인 단순 반복 학습 NO,
하루 4쪽 체계적인 4단계 연산 유형으로 완벽하게

학생들이 연산 학습을 지루하게 생각하는 이유는 기계적인 단순 반복 훈련을 하기 때문입니다.

하루 4쪽 개념 → 연습 → 활용 → 완성 의 체계적인 4단계 문제로 구성되어 있어 지루하지 않고 효과적으로 연산 실력을 키울 수 있습니다.

#같은 수
#연산 감각
#효율적

같은 수 다른 문제로 연산 학습을 효율적으로

기계적인 단순 반복 학습을 하면 많은 문제를 풀어도 연산 실수가 생깁니다. 같은 수 다른 문제를 통해 수 감각을 익히면 자연스럽게 연산 감각이 향상되어 효율적으로 연산 학습을 할 수 있습니다.

#성취감
#자신감
#재미있게

성취도 그래프로 성취감을 키워 연산 학습을 재미있게

학습을 끝낸 후 성취도 그래프에 붙임딱지를 붙입니다. 다 맞힌 날수가 늘어날수록 성취감과 수학 자신감이 향상되어 연산 학습을 재미있게 할 수 있습니다.

하루 4쪽 4단계 학습

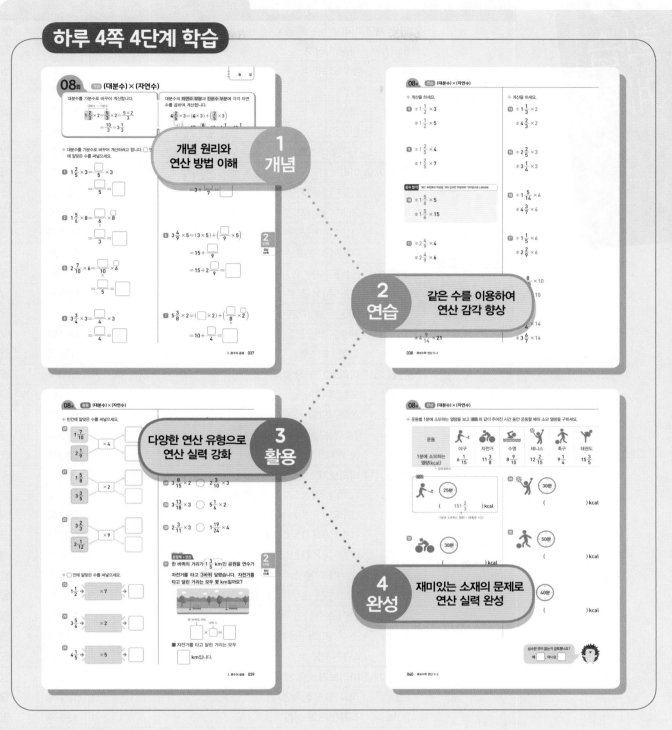

1 **개념** 개념 원리와 연산 방법 이해

2 **연습** 같은 수를 이용하여 연산 감각 향상

3 **활용** 다양한 연산 유형으로 연산 실력 강화

4 **완성** 재미있는 소재의 문제로 연산 실력 완성

개념 미리보기 + 동영상
한 단원 내용의 전체 흐름을 한눈에 볼 수 있
도록 구성

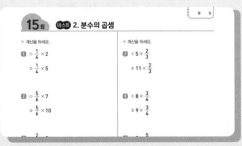

단원 테스트
한 단원의 학습을 마무리하며 연산 실력을
점검

학습 계획

1

수의 범위와 어림하기

개념 미리보기

1. 수의 범위와 어림하기

01회 **1** **이상과 이하**

◆ ■ **이상**인 수: ■와 같거나 큰 수

11 이상인 수

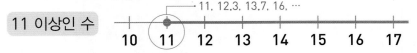

→ 11, 12.3, 13.7, 16, …

◆ ● **이하**인 수: ●와 같거나 작은 수

16 이하인 수

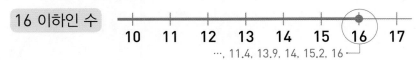

…, 11.4, 13.9, 14, 15.2, 16

02회 **2** **초과와 미만**

▲ 초과 또는 ▲ 미만인 수에 ▲는 포함되지 않아요.

◆ ■ **초과**인 수: ■보다 큰 수

11 초과인 수

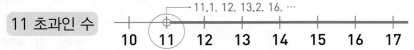

11.1, 12, 13.2, 16, …

◆ ● **미만**인 수: ●보다 작은 수

16 미만인 수

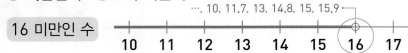

…, 10, 11.7, 13, 14.8, 15, 15.9

03~05회 **3** **어림하기**

올림과 버림은 구하려는 자리의 아래 수를, 반올림은 구하려는 자리 바로 아래 자리 숫자만 확인해요.

◆ **올림**: 구하려는 자리의 아래 수를 올려서 나타내는 방법

	십의 자리까지	백의 자리까지	천의 자리까지
올림	237④ → 2380	2③74 → 2400	2③74 → 3000

└→ 4를 10으로 나타내요. └→ 74를 100으로 나타내요. └→ 374를 1000으로 나타내요.

◆ **버림**: 구하려는 자리의 아래 수를 버려서 나타내는 방법

	십의 자리까지	백의 자리까지	천의 자리까지
버림	237④ → 2370	2③74 → 2300	2③74 → 2000

└→ 4를 0으로 나타내요. └→ 74를 0으로 나타내요. └→ 374를 0으로 나타내요.

◆ **반올림**: 구하려는 자리 바로 아래 자리의 숫자가 0, 1, 2, 3, 4이면 버리고,
5, 6, 7, 8, 9이면 올려서 나타내는 방법
└→ 5 미만
└→ 5 이상

	십의 자리까지	백의 자리까지	천의 자리까지
반올림	237④ → 2370	23⑦4 → 2400	2③74 → 2000

└→ 4이므로 버림해요. └→ 7이므로 올림해요. └→ 3이므로 버림해요.

01회 개념 이상과 이하

- 10과 같거나 큰 수를 10 이상인 수라고 합니다.

10을 점 ●으로 나타내고, 오른쪽으로 선을 그어요.

8 9 ⑩ 11 12
└─ 10이 포함돼요.

- 13과 같거나 작은 수를 13 이하인 수라고 합니다.

13을 점 ●으로 나타내고, 왼쪽으로 선을 그어요.

11 12 ⑬ 14 15
└─ 13이 포함돼요.

9와 같거나 크고, 14와 같거나 작은 수를 9 이상 14 이하인 수라고 합니다.

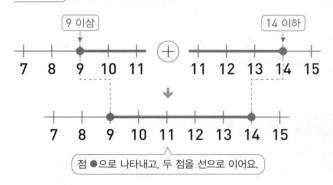

9 이상   14 이하

7 8 9 10 11   ＋   11 12 13 14 15

↓

7 8 9 10 11 12 13 14 15

점 ●으로 나타내고, 두 점을 선으로 이어요.

◆ ☐ 안에 알맞은 말을 써넣으세요.

1
7과 같거나 큰 수

→ 7 ☐ 인 수

2
12와 같거나 큰 수

→ 12 ☐ 인 수

3
9와 같거나 작은 수

→ 9 ☐ 인 수

4
25와 같거나 작은 수

→ 25 ☐ 인 수

5
11과 같거나 크고 38과 같거나 작은 수

→ 11 ☐ 38 ☐ 인 수

◆ ☐ 안에 알맞은 수 또는 말을 써넣으세요.

6

6 7 8 9 10 11 12 13

→ 8 ☐ 인 수

7

27 28 29 30 31 32 33 34

→ ☐ 이상인 수

8

11 12 13 14 15 16 17 18

→ 16 ☐ 인 수

9

35 36 37 38 39 40 41 42

→ ☐ 이하인 수

10

12 13 14 15 16 17 18 19

→ ☐ 이상 ☐ 이하인 수

수의 범위에 포함되는 수를 모두 찾아 ○표 하세요.

11

6 이상인 수
5   2   9   6   3

실수 방지 ■ 이상 또는 ■ 이하인 수를 찾을 때 ■를 빠뜨리면 안 돼요.

12

12 이상인 수
12   11   30   15   9

13

8 이하인 수
5   31   14   8   20

14

25 이하인 수
17   26   25   31   24

15

14 이상 22 이하인 수
12.7   14   13.5   22   21.9

16

37 이상 41 이하인 수
35   37   39   40   42

17

46 이상 55 이하인 수
46   45   51.4   55   55.8

수직선에 나타낸 수의 범위를 쓰세요.

18

```
    15  16  17  18  19  20  21  22
```
(   )

19

```
    3   4   5   6   7   8   9   10
```
(   )

20

```
    41  42  43  44  45  46  47  48
```
(   )

21

```
    22  23  24  25  26  27  28  29
```
(   )

수의 범위를 수직선에 나타내세요.

22

4 이상인 수

```
    1   2   3   4   5   6   7   8
```

23

24 이하인 수

```
    22  23  24  25  26  27  28  29
```

24

37 이상 41 이하인 수

```
    36  37  38  39  40  41  42  43
```

◆ 주어진 수를 포함하는 수의 범위에 ○표 하세요.

25

23

23 이하인 수	25 이상인 수
(　　　)	(　　　)

26

38

19 이상인 수	37 이하인 수
(　　　)	(　　　)

27

65

66 이상인 수	69 이하인 수
(　　　)	(　　　)

◆ 수직선에 나타낸 수의 범위에 포함되는 수를 찾아 기호를 쓰세요.

28

```
12  13  14  15  16  17  18  19
```

㉠ 12   ㉡ 15   ㉢ 9   ㉣ 11

(　　　　　　　)

29

```
22  23  24  25  26  27  28  29
```

㉠ 30   ㉡ 27   ㉢ 26   ㉣ 29

(　　　　　　　)

30

```
32  33  34  35  36  37  38  39
```

㉠ 36   ㉡ 33   ㉢ 38   ㉣ 32

(　　　　　　　)

◆ 수의 범위에 포함되는 자연수를 모두 쓰세요.

31

16 이상 19 이하인 수

(　　　　　　　　　　　　)

32

36 이상 40 이하인 수

(　　　　　　　　　　　　)

33

52.3 이상 55 이하인 수

(　　　　　　　　　　　　)

34

79 이상 81.8 이하인 수

(　　　　　　　　　　　　)

문장제 + 연산

35 학생들이 읽은 책 수를 나타낸 표입니다. 책을 **10권 이상 읽은 학생**은 몇 명일까요?

읽은 책 수

이름	준호	하은	민영	소율	연석
책 수(권)	13	9	10	8	12

10과 같거나 큰 수에 ○표 하기
↓

10 이상인 수 ➡ (13 , 9 , 10 , 8 , 12)

🅐 책을 **10권 이상** 읽은 학생은 [　　] 명입니다.

◆ 놀이 기구를 탈 수 없는 어린이에 ×표 하세요.

36

내 키는 130 cm!

(　　)

내 키는 125 cm!

(　　)

내 키는 131.2 cm!

(　　)

37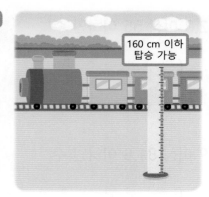

내 키는 160.1 cm!

(　　)

내 키는 155 cm!

(　　)

내 키는 158.8 cm!

(　　)

38

내 키는 155.1 cm!

(　　)

내 키는 157 cm!

(　　)

내 키는 145 cm!

(　　)

실수한 것이 없는지 검토했나요?

예 , 아니요

02회 개념 초과와 미만

• 20보다 큰 수를 20 초과인 수라고 합니다.

20을 점 ○으로 나타내고, 오른쪽으로 선을 그어요.

19 20 21 22 23
└→ 20이 포함되지 않아요.

• 17보다 작은 수를 17 미만인 수라고 합니다.

17을 점 ○으로 나타내고, 왼쪽으로 선을 그어요.

14 15 16 17 18
└→ 17이 포함되지 않아요.

9보다 크고, 15보다 작은 수를 9 초과 15 미만 인 수라고 합니다.

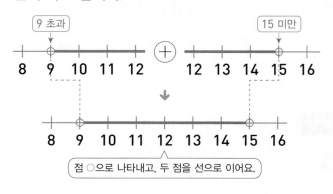

8 9 10 11 12 13 14 15 16

점 ○으로 나타내고, 두 점을 선으로 이어요.

✦ ☐ 안에 알맞은 말을 써넣으세요.

1
15보다 큰 수
→ 15 ☐ 인 수

2
76보다 큰 수
→ 76 ☐ 인 수

3
34보다 작은 수
→ 34 ☐ 인 수

4
128보다 작은 수
→ 128 ☐ 인 수

5
29보다 크고 41보다 작은 수
→ 29 ☐ 41 ☐ 인 수

✦ ☐ 안에 알맞은 수 또는 말을 써넣으세요.

6

9 10 11 12 13 14 15 16

→ ☐ 초과인 수

7

49 50 51 52 53 54 55 56

→ 52 ☐ 인 수

8

21 22 23 24 25 26 27 28

→ ☐ 미만인 수

9

59 60 61 62 63 64 65 66

→ 61 ☐ 인 수

10

36 37 38 39 40 41 42 43

→ ☐ 초과 ☐ 미만인 수

◆ 수의 범위에 포함되는 수를 모두 찾아 ○표 하세요.

11

6 초과인 수

7   10   1   5   4

실수 방지 14 초과인 수에 14는 포함되지 않아요.

12

14 초과인 수

15   19   11   14   23

13

10 미만인 수

21   9   11   6   15

14

20 미만인 수

19   30   17   20   4

15

32 미만인 수

30   17   32   28   41

16

17 초과 24 미만인 수

17   18.5   24   20   26

17

39 초과 48 미만인 수

48   39.8   39   40   41

◆ 수직선에 나타낸 수의 범위를 쓰세요.

18
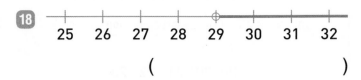
25 26 27 28 29 30 31 32

(   )

19

27 28 29 30 31 32 33 34

(   )

20

46 47 48 49 50 51 52 53

(   )

21

65 66 67 68 69 70 71 72

(   )

◆ 수의 범위를 수직선에 나타내세요.

22

27 초과인 수

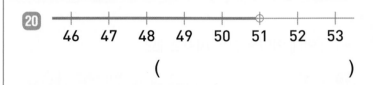
23 24 25 26 27 28 29 30

23

63 미만인 수

59 60 61 62 63 64 65 66

24

53 초과 57 미만인 수

52 53 54 55 56 57 58 59

◆ 주어진 수를 포함하는 수의 범위에 색칠하세요.

25

31

| 30 초과인 수 |
| 31 미만인 수 |

26

48

| 47 미만인 수 |
| 47 초과인 수 |

27

66

| 65 초과인 수 |
| 65 미만인 수 |

◆ 수의 범위에 포함되는 자연수는 모두 몇 개인지 구하세요.

31

| 5 미만인 수 |

(　　　　　　　)

32

| 9 초과 13 미만인 수 |

(　　　　　　　)

33

| 16 초과 22 미만인 수 |

(　　　　　　　)

34

| 34 초과 37 미만인 수 |

(　　　　　　　)

◆ 수직선에 나타낸 수의 범위에 포함되지 않는 수를 모두 찾아 ×표 하세요.

28

```
  14  15  16  17  18  19  20  21
                 ○━━━━━━━━━━━━
```

| 14.8 | 16 | 17 | 17.1 | 19 |

29

```
  29  30  31  32  33  34  35  36
  ━━━━━━━━━━━━━━━━━━━━━━○
```

| 29 | 30.7 | 33.9 | 34 | 36 |

30

```
  47  48  49  50  51  52  53  54
            ○━━━━━━━━━━○
```

| 48 | 49.5 | 50 | 51 | 54 |

문장제 + 연산

35 통과 제한 높이가 2 m인 도로를 <u>통과할 수 있는 자동차는 몇 대</u>일까요?

자동차별 높이

자동차	㉠	㉡	㉢	㉣	㉤
높이(m)	1.8	2	1.5	2.2	1.9

2보다 작은 수에 ○표 하기
↓

2 미만인 수 → (1.8 , 2 , 1.5 , 2.2 , 1.9)

답 통과할 수 있는 자동차는 ☐ 대입니다.

물건의 무게에 따라 택배 요금을 정합니다. 무게별 택배 요금을 보고 각각의 택배 요금을 구하세요.

무게별 택배 요금

무게(kg)	5 이하	5 초과 10 이하	10 초과 15 이하	15 초과
택배 요금(원)	6000	7000	8000	9000

36 3.915 kg → ☐ 원

3.915는 5 이하인 수이므로
5 kg 이하일 때의 택배 요금이에요.

39 4.12 kg → ☐ 원

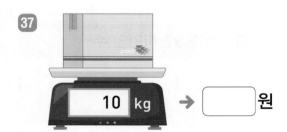

37 10 kg → ☐ 원

40 13.92 kg → ☐ 원

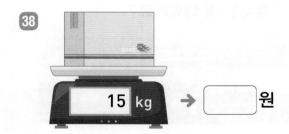

38 15 kg → ☐ 원

41 16.3 kg → ☐ 원

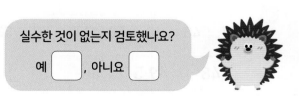

실수한 것이 없는지 검토했나요?

예 ☐ , 아니요 ☐

개념 **올림**

- 구하려는 자리 아래 수를 올려서 나타내는 방법을 올림이라고 합니다.
- 구하려는 자리 숫자에 1을 더하고, 구하려는 자리 아래 수는 0으로 나타냅니다.

347을 올림하여

① 십의 자리까지 나타내기: 34$\overset{+1}{7}$ → 350

② 백의 자리까지 나타내기: 3$\overset{+1}{4}$7 → 400

3.862를 올림하여

① 소수 첫째 자리까지 나타내기: 3.8$\overset{+1}{6}$2 → 3.9̶0̶0̶

② 소수 둘째 자리까지 나타내기: 3.86$\overset{+1}{2}$ → 3.87̶0̶

◆ 보기 와 같이 표시해 보고, 올림하세요.

보기

올림하여 백의 자리까지 나타내기

7 ③̲ 1̶ 4̶ → 7400

1 **올림하여 십의 자리까지 나타내기**

3 8 6 → ☐

2 **올림하여 십의 자리까지 나타내기**

3 1 4 8 → ☐

3 **올림하여 백의 자리까지 나타내기**

4 5 9 → ☐

4 **올림하여 백의 자리까지 나타내기**

6 1 2 7 → ☐

5 **올림하여 천의 자리까지 나타내기**

5 1 4 8 7 → ☐

◆ 보기 와 같이 표시해 보고, 올림하세요.

보기

올림하여 소수 둘째 자리까지 나타내기

2 3 . 4 ⑥̲ 1̶ → 23.47

6 **올림하여 일의 자리까지 나타내기**

7 . 6 1 → ☐

7 **올림하여 소수 첫째 자리까지 나타내기**

1 8 . 3 7 → ☐

8 **올림하여 소수 첫째 자리까지 나타내기**

4 6 . 4 3 6 → ☐

9 **올림하여 소수 둘째 자리까지 나타내기**

1 5 . 2 8 4 → ☐

10 **올림하여 소수 둘째 자리까지 나타내기**

2 3 . 4 6 7 → ☐

◆ 올림하여 주어진 자리까지 나타내세요.

⑪
수	십의 자리	백의 자리
276		

⑫
수	십의 자리	백의 자리
809		

⑬
수	백의 자리	천의 자리
1500		

실수 방지 구하려는 자리 바로 아래 자리 숫자가 0인 경우에도 구하려는 자리 아래에 수가 있으면 올림할 수 있어요.

⑭
수	백의 자리	천의 자리
2004		

⑮
수	십의 자리	백의 자리
9999		

⑯
수	천의 자리	만의 자리
13096		

⑰
수	백의 자리	만의 자리
63718		

◆ 올림하여 주어진 자리까지 나타내세요.

⑱
수	소수 첫째 자리	소수 둘째 자리
0.184		

⑲
수	일의 자리	소수 둘째 자리
0.699		

⑳
수	소수 첫째 자리	소수 둘째 자리
4.037		

㉑
수	일의 자리	소수 첫째 자리
5.53		

㉒
수	소수 첫째 자리	소수 둘째 자리
7.987		

㉓
수	일의 자리	소수 첫째 자리
12.62		

㉔
수	소수 첫째 자리	소수 둘째 자리
28.506		

◆ 빈칸에 올림하여 주어진 자리까지 나타낸 수를 써넣으세요.

25

524 → 십의 자리 → □
618 → □

26

6371 → 백의 자리 → □
3720 → □

27

6053 → 천의 자리 → □
1946 → □

◆ □ 안에 알맞은 수를 써넣으세요.

28
2.75를 올림하여 소수 첫째 자리까지 나타내면 □ 입니다.

29
1.851을 올림하여 소수 둘째 자리까지 나타내면 □ 입니다.

30
63.07을 올림하여 일의 자리까지 나타내면 □ 입니다.

◆ 알맞은 수를 찾아 ◯표 하세요.

31
올림하여 십의 자리까지
나타내면 260이 되는 수
259   245   261

32
올림하여 백의 자리까지
나타내면 500이 되는 수
571   501   408

33
올림하여 백의 자리까지
나타내면 3100이 되는 수
3001   3140   2170

34
올림하여 천의 자리까지
나타내면 7000이 되는 수
7050   6975   7300

문장제 + 연산

35 지후가 문방구에서 필통을 사고 [1000원짜리] 지폐로만 필통값을 내려고 합니다. 최소 얼마를 내야 하는지 구하세요.

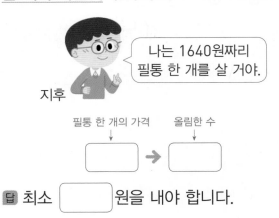

나는 1640원짜리 필통 한 개를 살 거야.

지후

필통 한 개의 가격   올림한 수
□   →   □

답 최소 □ 원을 내야 합니다.

◆ 자동차 한 대에 과일 상자를 다음과 같이 실을 수 있습니다. 보기와 같이 과일 상자를 모두 실으려면 자동차는 최소 몇 대 필요한지 구하세요.

10상자씩
100상자씩

보기
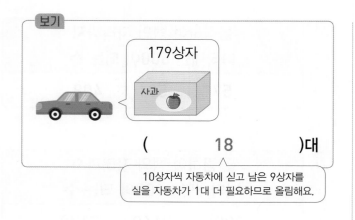
179상자
사과
(18)대

10상자씩 자동차에 싣고 남은 9상자를 실을 자동차가 1대 더 필요하므로 올림해요.

38

251상자
복숭아
( )대

36
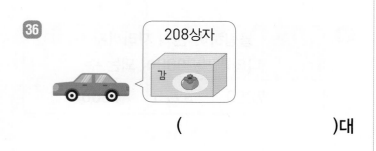
208상자
감
( )대

39
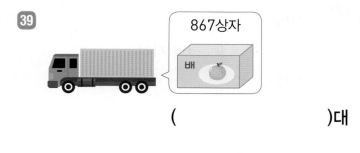
867상자
배
( )대

37

324상자
포도
( )대

40
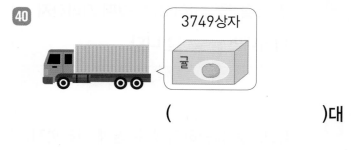
3749상자
귤
( )대

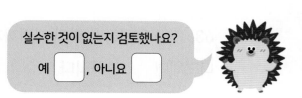
실수한 것이 없는지 검토했나요?
예 ☐ , 아니요 ☐

04회 개념 버림

- 구하려는 자리 아래 수를 버려서 나타내는 방법을 버림이라고 합니다.
- 구하려는 자리 아래 수를 0으로 나타냅니다.

618을 버림하여
① 십의 자리까지 나타내기: 618 → 610
② 백의 자리까지 나타내기: 618 → 600

4.518을 버림하여
① 소수 첫째 자리까지 나타내기: 4.518 → 4.500
② 소수 둘째 자리까지 나타내기: 4.518 → 4.510

◆ 보기 와 같이 표시해 보고, 버림하세요.

보기
버림하여 백의 자리까지 나타내기
180 → 100

1 버림하여 십의 자리까지 나타내기

5 1 2 → ☐

2 버림하여 십의 자리까지 나타내기

1 4 6 8 → ☐

3 버림하여 백의 자리까지 나타내기

8 4 3 → ☐

4 버림하여 백의 자리까지 나타내기

3 1 1 9 → ☐

5 버림하여 천의 자리까지 나타내기

5 2 3 7 → ☐

◆ 보기 와 같이 표시해 보고, 버림하세요.

보기
버림하여 소수 둘째 자리까지 나타내기
7.715 → 7.71

6 버림하여 일의 자리까지 나타내기

5 . 4 9 → ☐

7 버림하여 소수 첫째 자리까지 나타내기

6 . 9 0 3 → ☐

8 버림하여 소수 첫째 자리까지 나타내기

2 7 . 2 6 7 → ☐

9 버림하여 소수 둘째 자리까지 나타내기

4 . 6 3 8 → ☐

10 버림하여 소수 둘째 자리까지 나타내기

1 2 . 0 2 3 → ☐

1단원
정답 02쪽

◆ 버림하여 주어진 자리까지 나타내세요.

⑪
수	십의 자리	백의 자리
113		

⑫
수	십의 자리	백의 자리
381		

⑬
수	백의 자리	천의 자리
1674		

실수 방지 구하려는 자리 아래 수가 0이면 버림하여 나타낸 수와 처음 수가 같아요.

⑭
수	백의 자리	천의 자리
2000		

⑮
수	십의 자리	백의 자리
7020		

⑯
수	백의 자리	만의 자리
52809		

⑰
수	천의 자리	만의 자리
69154		

◆ 버림하여 주어진 자리까지 나타내세요.

⑱
수	소수 첫째 자리	소수 둘째 자리
0.255		

⑲
수	소수 첫째 자리	소수 둘째 자리
6.867		

⑳
수	일의 자리	소수 첫째 자리
9.34		

㉑
수	소수 첫째 자리	소수 둘째 자리
18.109		

㉒
수	소수 첫째 자리	소수 둘째 자리
25.082		

㉓
수	일의 자리	소수 둘째 자리
34.996		

㉔
수	일의 자리	소수 첫째 자리
49.71		

◆ ⬜ 안에 버림하여 주어진 자리까지 나타낸 수를 써넣으세요.

25

| 296 | 백의 자리 |

⬜

26

| 1823 | 십의 자리 |

⬜

27

| 32674 | 천의 자리 |

⬜

◆ 버림하여 소수 첫째 자리까지 바르게 나타낸 사람의 이름을 쓰세요.

28

도현: 19.18 ➜ 19.2
은서: 19.18 ➜ 19.1

(   )

29

다은: 4.805 ➜ 4.8
지훈: 4.805 ➜ 4.9

(   )

30

하준: 20.496 ➜ 20.49
소율: 20.496 ➜ 20.4

(   )

◆ 어림한 수의 크기가 더 작은 것에 색칠하세요.

31

348을 버림하여 십의 자리까지 나타낸 수

385를 버림하여 백의 자리까지 나타낸 수

32

897을 버림하여 십의 자리까지 나타낸 수

913을 버림하여 백의 자리까지 나타낸 수

33

623을 버림하여 십의 자리까지 나타낸 수

635를 버림하여 백의 자리까지 나타낸 수

34

156을 버림하여 백의 자리까지 나타낸 수

139를 버림하여 십의 자리까지 나타낸 수

1 단원

정답 02쪽

문장제 + 연산

35 빵집에서 빵을 2648개 만들었습니다. 한 상자에 빵을 10개씩 넣어 포장한다면 빵을 최대 몇 개까지 포장할 수 있을까요?

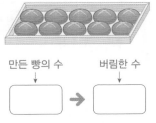

만든 빵의 수   버림한 수
⬇   ⬇
⬜   ➜   ⬜

🔑 답 빵을 최대 ⬜ 개까지 포장할 수 있습니다.

◆ 보기 와 같이 수 카드 4장을 한 번씩 모두 사용하여 가장 큰 수를 만들고, 만든 수를 어림하여 주어진 자리까지 나타내세요.

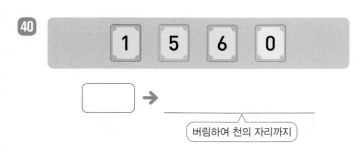

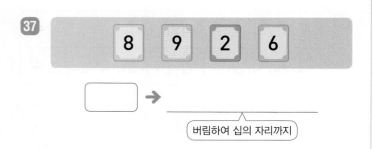

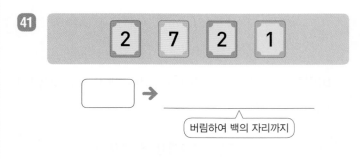

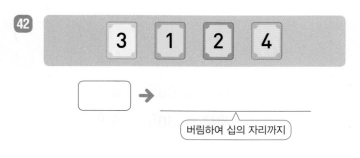

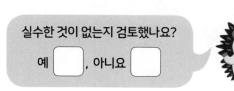

실수한 것이 없는지 검토했나요?
예 □, 아니요 □

05회   개념 반올림

구하려는 자리 바로 아래 자리의 숫자가 0, 1, 2, 3, 4이면 버리고, 5, 6, 7, 8, 9이면 올려서 나타내는 방법을 반올림이라고 합니다.

683을 반올림하여
① 십의 자리까지 나타내기: 683 → 680
└ 버림
② 백의 자리까지 나타내기: 683 → 700
└ 올림

2.736을 반올림하여
① 소수 첫째 자리까지 나타내기: 2.736 → 2.700
└ 버림
② 소수 둘째 자리까지 나타내기: 2.736 → 2.740
└ 올림

◆ 보기 와 같이 표시해 보고, 반올림하세요.

보기

반올림하여 백의 자리까지 나타내기

6 8 4 2 → 6800
└ 버림

1 반올림하여 십의 자리까지 나타내기

1 2 5 → ☐

2 반올림하여 백의 자리까지 나타내기

4 7 6 → ☐

3 반올림하여 백의 자리까지 나타내기

1 2 3 9 → ☐

4 반올림하여 천의 자리까지 나타내기

2 4 8 7 → ☐

5 반올림하여 천의 자리까지 나타내기

3 5 0 3 → ☐

◆ 보기 와 같이 표시해 보고, 반올림하세요.

보기

반올림하여 소수 첫째 자리까지 나타내기

0. 3 7 1 → 0.4
└ 올림

6 반올림하여 일의 자리까지 나타내기

3 . 4 6 → ☐

7 반올림하여 소수 첫째 자리까지 나타내기

6 . 0 7 2 → ☐

8 반올림하여 소수 첫째 자리까지 나타내기

8 . 3 2 → ☐

9 반올림하여 소수 둘째 자리까지 나타내기

7 . 9 5 4 → ☐

10 반올림하여 소수 둘째 자리까지 나타내기

1 5 . 6 1 7 → ☐

1
단원

정답
03쪽

✦ 반올림하여 주어진 자리까지 나타내세요.

11

수	십의 자리	백의 자리
153		

실수 방지 반올림은 구하려는 자리 바로 아래 자리의 숫자 한 개만 확인해요.

12

수	십의 자리	백의 자리
726		

13

수	백의 자리	천의 자리
2479		

14

수	백의 자리	천의 자리
4006		

15

수	십의 자리	백의 자리
9957		

16

수	천의 자리	만의 자리
32071		

17

수	백의 자리	만의 자리
68140		

✦ 반올림하여 주어진 자리까지 나타내세요.

18

수	소수 첫째 자리	소수 둘째 자리
0.169		

19

수	일의 자리	소수 첫째 자리
5.284		

20

수	소수 첫째 자리	소수 둘째 자리
7.126		

21

수	일의 자리	소수 첫째 자리
8.68		

22

수	소수 첫째 자리	소수 둘째 자리
13.453		

23

수	소수 첫째 자리	소수 둘째 자리
32.872		

24

수	일의 자리	소수 둘째 자리
40.715		

◆ ▢ 안에 반올림하여 주어진 자리까지 나타낸 수를 써넣으세요.

25

5084 ─ 십의 자리 → ▢
       백의 자리 → ▢

26

3716 ─ 백의 자리 → ▢
       천의 자리 → ▢

27

6248 ─ 십의 자리 → ▢
       천의 자리 → ▢

◆ 색 테이프의 길이는 약 몇 cm인지 반올림하여 일의 자리까지 나타내세요.

먼저 색 테이프의 길이를 구해야 해요.

28

약 (   ) cm

29
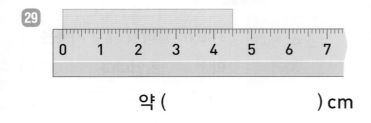
약 (   ) cm

30
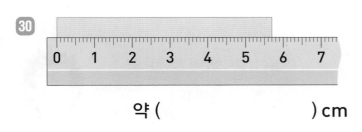
약 (   ) cm

◆ 반올림하여 주어진 자리까지 나타낸 수가 더 큰 것에 ○표 하세요.

31
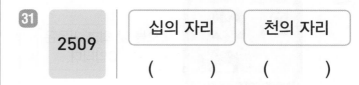
2509 | 십의 자리   천의 자리
     | (   )   (   )

32
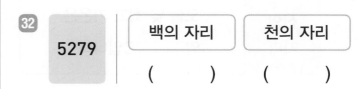
5279 | 백의 자리   천의 자리
     | (   )   (   )

33
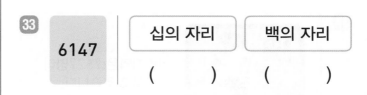
6147 | 십의 자리   백의 자리
     | (   )   (   )

34
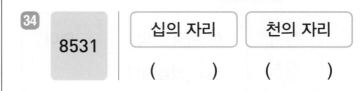
8531 | 십의 자리   천의 자리
     | (   )   (   )

1 단원
정답 03쪽

문장제 + 연산

35 2022년 7월의 서울특별시 서초구의 인구입니다. 서초구의 인구는 약 몇만 명인지 구하세요.

407346명

서초구 인구   반올림한 수
↓   ↓
▢ → ▢

답 서초구의 인구는 약 ▢ 명입니다.

♦ 뉴스에 나온 수를 반올림하여 주어진 자리까지 나타내세요.

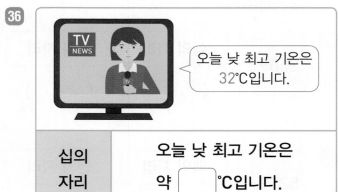

36

오늘 낮 최고 기온은 32℃입니다.

| 십의 자리 | 오늘 낮 최고 기온은 약 ◻℃입니다. |

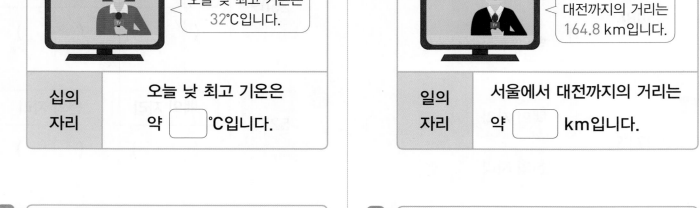

39

서울에서 대전까지의 거리는 164.8 km입니다.

| 일의 자리 | 서울에서 대전까지의 거리는 약 ◻km입니다. |

37

이 지역은 7627명이 살고 있습니다.

| 천의 자리 | 이 지역은 약 ◻명이 살고 있습니다. |

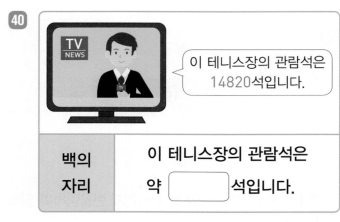

40

이 테니스장의 관람석은 14820석입니다.

| 백의 자리 | 이 테니스장의 관람석은 약 ◻석입니다. |

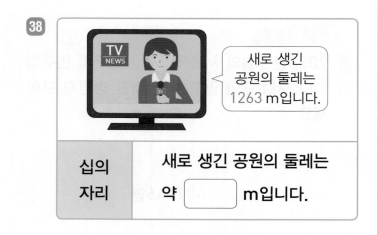

38

새로 생긴 공원의 둘레는 1263 m입니다.

| 십의 자리 | 새로 생긴 공원의 둘레는 약 ◻m입니다. |

41

100 m 달리기 세계 기록은 9.58초입니다.

| 소수 첫째 자리 | 100 m 달리기 세계 기록은 약 ◻초입니다. |

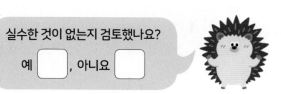

실수한 것이 없는지 검토했나요?

예 ◻ , 아니요 ◻

06회 테스트 1. 수의 범위와 어림하기

◆ 수의 범위에 포함되는 수를 모두 찾아 ○표 하세요.

1 10 이상인 수

8   16   6   10   21

2 35 이하인 수

35   40   27   36   11

3 24 초과인 수

22   25   24   40   15

4 40 미만인 수

39   40   42   26   33

5 28 이상 35 이하인 수

31.4   28   36   27   35

6 53 이상 67 이하인 수

38   49   53   65   71

7 75 초과 86 미만인 수

74   75.1   86   80   75

◆ 수직선에 나타낸 수의 범위를 쓰세요.

8
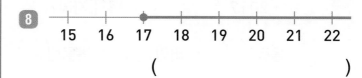
15 16 17 18 19 20 21 22
(   )

9
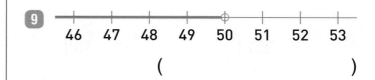
46 47 48 49 50 51 52 53
(   )

10
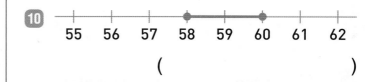
55 56 57 58 59 60 61 62
(   )

11
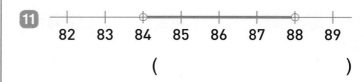
82 83 84 85 86 87 88 89
(   )

◆ 수의 범위를 수직선에 나타내세요.

12 23 이하인 수
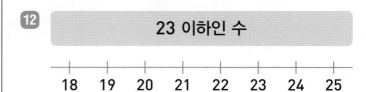
18 19 20 21 22 23 24 25

13 36 초과인 수

33 34 35 36 37 38 39 40

14 34 이상 39 이하인 수
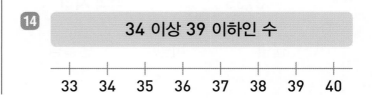
33 34 35 36 37 38 39 40

◆ 올림, 버림, 반올림하여 주어진 자리까지 나타내세요.

15

2017	백의 자리

올림	버림	반올림

16

3521	천의 자리

올림	버림	반올림

17

4759	십의 자리

올림	버림	반올림

18

16250	만의 자리

올림	버림	반올림

19

30643	천의 자리

올림	버림	반올림

20

68735	백의 자리

올림	버림	반올림

◆ 올림, 버림, 반올림하여 주어진 자리까지 나타내세요.

21

0.721	소수 첫째 자리

올림	버림	반올림

22

2.735	소수 둘째 자리

올림	버림	반올림

23

6.893	일의 자리

올림	버림	반올림

24

7.462	소수 첫째 자리

올림	버림	반올림

25

11.501	소수 둘째 자리

올림	버림	반올림

26

15.396	일의 자리

올림	버림	반올림

♦ 주어진 수를 포함하는 수의 범위에 ◯표 하세요.

27 29

29 이하인 수	29 초과인 수
( )	( )

28 44

43 이하인 수	43 초과인 수
( )	( )

29 52

54 미만인 수	54 초과인 수
( )	( )

30 76

76 초과인 수	76 이상인 수
( )	( )

♦ 수의 범위에 포함되는 자연수는 모두 몇 개인지 구하세요.

31
8 이상 11 이하인 수

(   )

32
13 초과 17 미만인 수

(   )

33
24 초과 30 미만인 수

(   )

♦ ☐ 안에 알맞은 수를 써넣으세요.

34
31.07을 올림하여 소수 첫째 자리까지 나타내면 ☐ 입니다.

35
4.769를 버림하여 소수 둘째 자리까지 나타내면 ☐ 입니다.

36
7.23을 반올림하여 소수 첫째 자리까지 나타내면 ☐ 입니다.

37
9.485를 반올림하여 소수 둘째 자리까지 나타내면 ☐ 입니다.

♦ 알맞은 수를 찾아 ◯표 하세요.

38

올림하여 백의 자리까지 나타내면 3200이 되는 수		
3058	3174	3209

39

버림하여 십의 자리까지 나타내면 4390이 되는 수		
4397	4293	4300

40

반올림하여 백의 자리까지 나타내면 7800이 되는 수		
7725	7866	7821

◆ 문제를 읽고 답을 구하세요.

41 대한민국 대통령 선거에서 투표
할 수 있는 나이는 만 18세 이상
입니다. 투표할 수 있는 사람
은 몇 명일까요?

만 나이

이름	현아	경태	선미	훈이
만 나이(세)	17	20	25	18

18 이상인 수 ➜ (17 , 20 , 25 , 18)

답 투표할 수 있는 사람은 [ ]명입니다.

42 지역별 7월 최고 기온을 조사하였습
니다. 최고 기온이 29℃ 초과인 지역
은 몇 군데일까요?

7월의 최고 기온

지역	㉠	㉡	㉢	㉣
기온(℃)	30	29	28	31

29 초과인 수 ➜ (30 , 29 , 28 , 31)

답 최고 기온이 29℃ 초과인 지역은 [ ]군
데입니다.

◆ 문제를 읽고 답을 구하세요.

43 소율이가 문방구에서 공책을 사고 1000원짜
리 지폐로만 공책값을 내려고 합니다. 최소
얼마를 내야 하는지 구하세요.

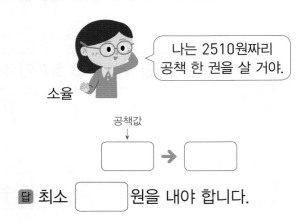

나는 2510원짜리
공책 한 권을 살 거야.

소율

공책값

[ ] ➜ [ ]

답 최소 [ ]원을 내야 합니다.

44 제과점에서 초콜릿을 1374개 만들었습니다.
한 상자에 초콜릿을 10개씩 넣어 포장한다
면 초콜릿을 최대 몇 개까지 포장할 수 있을
까요?

초콜릿의 수

[ ] ➜ [ ]

답 초콜릿을 최대 [ ]개까지 포장할 수
있습니다.

• 1단원 테스트 후 맞힌 개수에 따라 아래와 같이 공부하세요.

맞힌 개수	0~30개	31~39개	40~44개
공부 방법	수의 범위와 어림하기에 대한 이해가 부족해요. 01~05회를 다시 공부해요.	수의 범위와 어림하기에 대해 이해는 하고 있으나 좀 더 연습이 필요해요.	실수하지 않도록 집중하여 틀린 문제를 확인해요.

2

분수의 곱셈

개념 미리보기

2. 분수의 곱셈

07회, 09회 **1 진분수와 자연수의 곱셈**

(자연수)×(진분수)도 마찬가지로 분모는 그대로 두고, 자연수와 분자를 곱해요.

분수의 분모는 그대로 두고, 분자와 자연수를 곱합니다.

방법1 $\dfrac{7}{10} \times 4 = \dfrac{7 \times 4}{10} = \dfrac{28}{10} = \dfrac{14}{5} = 2\dfrac{4}{5}$ ← 곱한 후 약분해요.

대분수로 바꾸기

방법2 $\dfrac{7}{10} \times 4 = \dfrac{7 \times \overset{2}{\cancel{4}}}{\underset{5}{\cancel{10}}} = \dfrac{7 \times 2}{5} = \dfrac{14}{5} = 2\dfrac{4}{5}$ ← 곱하는 과정에서 약분해요.

대분수로 바꾸기

방법3 $\dfrac{7}{\underset{5}{\cancel{10}}} \times \overset{2}{\cancel{4}} = \dfrac{7 \times 2}{5} = \dfrac{14}{5} = 2\dfrac{4}{5}$ ← 곱하기 전 약분해요.

대분수로 바꾸기

08회, 10회 **2 대분수와 자연수의 곱셈**

(대분수)×(자연수)와 (자연수)×(대분수)는 같은 방법으로 계산해요.

방법1 대분수를 가분수로 바꾸어 계산하기

$3\dfrac{2}{9} \times 6 = \dfrac{29}{\underset{3}{\cancel{9}}} \times \overset{2}{\cancel{6}} = \dfrac{29 \times 2}{3} = \dfrac{58}{3} = 19\dfrac{1}{3}$

방법2 대분수를 자연수와 진분수의 합으로 나타내어 계산하기

$3\dfrac{2}{9} \times 6 = (3 \times 6) + \left(\dfrac{2}{\underset{3}{\cancel{9}}} \times \overset{2}{\cancel{6}}\right) = 18 + \dfrac{4}{3} = 18 + 1\dfrac{1}{3} = 19\dfrac{1}{3}$

$3 + \dfrac{2}{9}$

11~14회 **3 분수끼리의 곱셈**

계산 전에 대분수를 가분수로 바꿔야 해요.

◆ 두 분수의 곱셈

$\dfrac{3}{5} \times 3\dfrac{2}{3} = \dfrac{\overset{1}{\cancel{3}}}{5} \times \dfrac{11}{\underset{1}{\cancel{3}}} = \dfrac{1 \times 11}{5 \times 1} = \dfrac{11}{5} = 2\dfrac{1}{5}$

분자끼리, 분모끼리 곱해요.

◆ 세 분수의 곱셈

$\dfrac{2}{3} \times \dfrac{9}{10} \times \dfrac{1}{4} = \dfrac{2 \times \overset{3}{\cancel{9}} \times 1}{3 \times \underset{1}{\cancel{10}} \times \underset{2}{\cancel{4}}} = \dfrac{1 \times 3 \times 1}{1 \times 10 \times 2} = \dfrac{3}{20}$

분자끼리, 분모끼리 곱해요.

07회 개념 (진분수) × (자연수)

$\dfrac{5}{8} \times 3$은 $\dfrac{5}{8}$를 3번 더한 것과 같습니다.

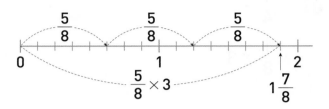

$$\dfrac{5}{8} \times 3 = \dfrac{5 \times 3}{8} = \dfrac{15}{8} = 1\dfrac{7}{8}$$

$$\dfrac{5}{8} + \dfrac{5}{8} + \dfrac{5}{8} = \dfrac{5+5+5}{8}$$

분모는 그대로 두고, 분자와 자연수를 곱합니다.

① $\dfrac{3}{10} \times 6 = \dfrac{3 \times 6}{10} = \dfrac{\overset{9}{\cancel{18}}}{\underset{5}{\cancel{10}}} = \dfrac{9}{5} = 1\dfrac{4}{5}$

② $\dfrac{3}{10} \times 6 = \dfrac{3 \times \overset{3}{\cancel{6}}}{\underset{5}{\cancel{10}}} = \dfrac{3 \times 3}{5} = \dfrac{9}{5} = 1\dfrac{4}{5}$

③ $\dfrac{3}{\underset{5}{\cancel{10}}} \times \overset{3}{\cancel{6}} = \dfrac{3 \times 3}{5} = \dfrac{9}{5} = 1\dfrac{4}{5}$

✦ 그림을 보고 ☐ 안에 알맞은 수를 써넣으세요.

1

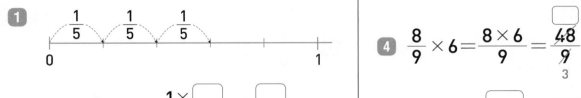

$$\dfrac{1}{5} \times 3 = \dfrac{1 \times \boxed{}}{5} = \dfrac{\boxed{}}{5}$$

2

$$\dfrac{3}{7} \times 2 = \dfrac{3 \times \boxed{}}{7} = \dfrac{\boxed{}}{7}$$

3

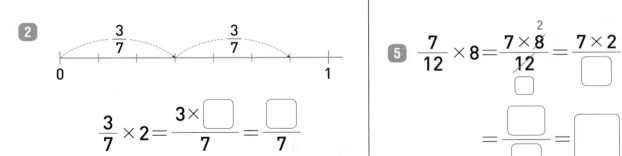

$$\dfrac{2}{9} \times 4 = \dfrac{2 \times \boxed{}}{9} = \dfrac{\boxed{}}{9}$$

✦ ☐ 안에 알맞은 수를 써넣으세요.

4 $\dfrac{8}{9} \times 6 = \dfrac{8 \times 6}{9} = \dfrac{\boxed{}}{\underset{3}{\cancel{9}}}$

$$= \dfrac{\boxed{}}{\boxed{}} = \boxed{}$$

5 $\dfrac{7}{12} \times 8 = \dfrac{7 \times \overset{2}{\cancel{8}}}{\underset{\boxed{}}{\cancel{12}}} = \dfrac{7 \times 2}{\boxed{}}$

$$= \dfrac{\boxed{}}{\boxed{}} = \boxed{}$$

6 $\dfrac{11}{15} \times \overset{1}{\cancel{5}} = \dfrac{11 \times 1}{\boxed{}}$

$$= \dfrac{\boxed{}}{\boxed{}} = \boxed{}$$

❖ 계산을 하세요.

7 ① $\dfrac{1}{3} \times 2$

② $\dfrac{1}{3} \times 5$

8 ① $\dfrac{3}{5} \times 3$

② $\dfrac{3}{5} \times 7$

9 ① $\dfrac{7}{16} \times 12$

② $\dfrac{7}{16} \times 15$

10 ① $\dfrac{4}{21} \times 8$

② $\dfrac{4}{21} \times 14$

11 ① $\dfrac{5}{6} \times 8$

② $\dfrac{5}{6} \times 9$

실수 방지 약분한 후 분모가 1일 때 계산 결과의 분모에 1을 쓰지 않도록 주의해요.

12 ① $\dfrac{3}{8} \times 8$

② $\dfrac{3}{8} \times 16$

❖ 계산을 하세요.

13 ① $\dfrac{1}{4} \times 3$

② $\dfrac{1}{8} \times 3$

14 ① $\dfrac{2}{7} \times 4$

② $\dfrac{5}{11} \times 4$

15 ① $\dfrac{1}{6} \times 8$

② $\dfrac{7}{9} \times 8$

16 ① $\dfrac{7}{8} \times 9$

② $\dfrac{7}{15} \times 9$

17 ① $\dfrac{4}{5} \times 12$

② $\dfrac{2}{9} \times 12$

18 ① $\dfrac{8}{9} \times 15$

② $\dfrac{5}{12} \times 15$

◆ ☐ 안에 알맞은 수를 써넣으세요.

19
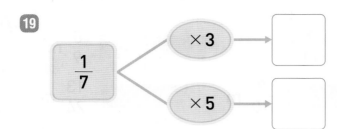

20
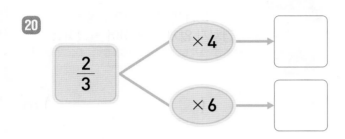

21
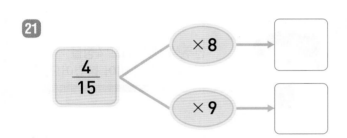

◆ 계산 결과를 찾아 ○표 하세요.

22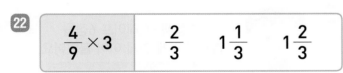

| $\frac{4}{9} \times 3$ | $\frac{2}{3}$ | $1\frac{1}{3}$ | $1\frac{2}{3}$ |

23

| $\frac{9}{11} \times 4$ | $3\frac{3}{11}$ | $3\frac{5}{11}$ | $3\frac{7}{11}$ |

24

| $\frac{7}{18} \times 8$ | $2\frac{4}{9}$ | $2\frac{7}{9}$ | $3\frac{1}{9}$ |

◆ 다음이 나타내는 수를 구하세요.

25
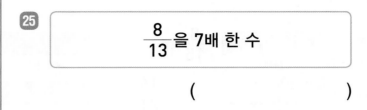

$\frac{8}{13}$을 7배 한 수

( )

26

$\frac{3}{8}$을 2배 한 수

( )

27

$\frac{2}{11}$를 5배 한 수

( )

28

$\frac{3}{10}$을 9배 한 수

( )

2단원
정답 04쪽

문장제 + 연산

29 물이 비커 한 개에 $\frac{2}{5}$ L씩 6개의 비커에 들어 있습니다. 물은 모두 몇 L일까요?

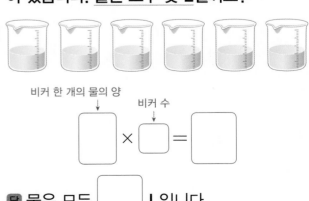

비커 한 개의 물의 양   비커 수

☐ × ☐ = ☐

답 물은 모두 ☐ L입니다.

◆ 색깔별 색 테이프 1장의 길이를 보고 친구들이 이어 붙인 색 테이프의 길이를 구하세요.

노란색 $\dfrac{8}{15}$ m   파란색 $\dfrac{7}{11}$ m   보라색 $\dfrac{5}{9}$ m

분홍색 $\dfrac{16}{21}$ m   연두색 $\dfrac{9}{10}$ m   주황색 $\dfrac{13}{24}$ m

30
노란색 색 테이프 6장을
겹치지 않게 길게 이어 붙였어요.

(   ) m

33
분홍색 색 테이프 5장을
겹치지 않게 길게 이어 붙였어요.

(   ) m

31
파란색 색 테이프 4장을
겹치지 않게 길게 이어 붙였어요.

(   ) m

34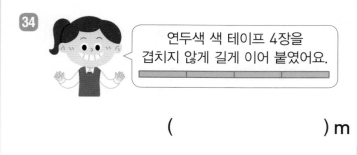
연두색 색 테이프 4장을
겹치지 않게 길게 이어 붙였어요.

(   ) m

32
보라색 색 테이프 7장을
겹치지 않게 길게 이어 붙였어요.

(   ) m

35
주황색 색 테이프 6장을
겹치지 않게 길게 이어 붙였어요.

(   ) m

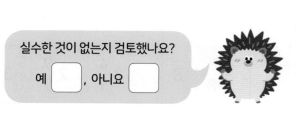
실수한 것이 없는지 검토했나요?

예 [   ] , 아니요 [   ]

08회   개념 (대분수)×(자연수)

대분수를 가분수로 바꾸어 계산합니다.

대분수 → 가분수

$$1\frac{2}{3} \times 2 = \frac{5}{3} \times 2 = \frac{5 \times 2}{3}$$
$$= \frac{10}{3} = 3\frac{1}{3}$$

대분수의 **자연수 부분**과 **진분수 부분**에 각각 자연수를 곱하여 계산합니다.

$$4\frac{2}{5} \times 3 = (4 \times 3) + \left(\frac{2}{5} \times 3\right)$$
$$\underset{4+\frac{2}{5}}{} = 12 + \frac{6}{5} = 12 + 1\frac{1}{5} = 13\frac{1}{5}$$

◆ 대분수를 가분수로 바꾸어 계산하려고 합니다. ☐ 안에 알맞은 수를 써넣으세요.

1 $1\frac{2}{5} \times 3 = \dfrac{\boxed{}}{5} \times 3$

$\qquad = \dfrac{\boxed{}}{5} = \boxed{}$

2 $1\frac{5}{6} \times 8 = \dfrac{\boxed{}}{\cancel{6}_{3}} \times \cancel{8}$

$\qquad = \dfrac{\boxed{}}{3} = \boxed{}$

3 $2\frac{7}{10} \times 6 = \dfrac{\boxed{}}{\cancel{10}_{5}} \times \cancel{6}$

$\qquad = \dfrac{\boxed{}}{5} = \boxed{}$

4 $3\frac{3}{4} \times 3 = \dfrac{\boxed{}}{4} \times 3$

$\qquad = \dfrac{\boxed{}}{4} = \boxed{}$

◆ 대분수를 자연수와 진분수의 합으로 나타내어 계산하려고 합니다. ☐ 안에 알맞은 수를 써넣으세요.

5 $1\frac{2}{7} \times 3 = (1 \times 3) + \left(\dfrac{\boxed{}}{7} \times 3\right)$

$\qquad = 3 + \dfrac{\boxed{}}{7} = \boxed{}$

6 $3\frac{4}{9} \times 5 = (3 \times 5) + \left(\dfrac{\boxed{}}{9} \times 5\right)$

$\qquad = 15 + \dfrac{\boxed{}}{9}$

$\qquad = 15 + 2\dfrac{\boxed{}}{9} = \boxed{}$

7 $5\frac{3}{8} \times 2 = \left(\boxed{} \times 2\right) + \left(\dfrac{\boxed{}}{\cancel{8}_{4}} \times \cancel{2}\right)$

$\qquad = 10 + \dfrac{\boxed{}}{4} = \boxed{}$

◈ 계산을 하세요.

8 ① $1\frac{1}{2} \times 3$

   ② $1\frac{1}{2} \times 5$

9 ① $1\frac{2}{5} \times 4$

   ② $1\frac{2}{5} \times 7$

실수 방지 계산 과정에서 약분할 것이 있으면 약분하여 기약분수로 나타내요.

10 ① $1\frac{5}{6} \times 5$

   ② $1\frac{5}{6} \times 15$

---

11 ① $2\frac{4}{9} \times 4$

   ② $2\frac{4}{9} \times 6$

12 ① $3\frac{5}{12} \times 8$

   ② $3\frac{5}{12} \times 9$

13 ① $4\frac{9}{14} \times 8$

   ② $4\frac{9}{14} \times 21$

◈ 계산을 하세요.

14 ① $1\frac{1}{3} \times 2$

   ② $4\frac{2}{3} \times 2$

15 ① $2\frac{2}{5} \times 3$

   ② $3\frac{1}{4} \times 3$

16 ① $1\frac{5}{14} \times 4$

   ② $4\frac{3}{7} \times 4$

17 ① $1\frac{1}{5} \times 6$

   ② $2\frac{2}{9} \times 6$

18 ① $1\frac{8}{15} \times 10$

   ② $3\frac{3}{8} \times 10$

19 ① $2\frac{3}{4} \times 14$

   ② $3\frac{6}{7} \times 14$

◆ 빈칸에 알맞은 수를 써넣으세요.

20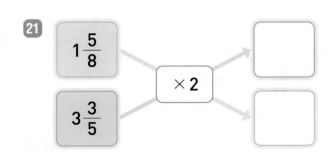
$1\frac{7}{10}$　$2\frac{1}{9}$　×4

21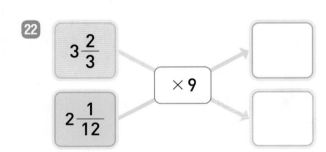
$1\frac{5}{8}$　$3\frac{3}{5}$　×2

22
$3\frac{2}{3}$　$2\frac{1}{12}$　×9

◆ ☐ 안에 알맞은 수를 써넣으세요.

23
$1\frac{1}{2}$ → ×7 →

24
$3\frac{5}{6}$ → ×2 →

25
$4\frac{1}{5}$ → ×5 →

◆ 계산 결과를 비교하여 ○ 안에 >, =, <를 알맞게 써넣으세요.

26 $1\frac{4}{5} \times 3$ ○ $3\frac{4}{9} \times 2$

27 $4\frac{2}{7} \times 2$ ○ $2\frac{3}{8} \times 3$

28 $3\frac{8}{15} \times 2$ ○ $2\frac{3}{10} \times 3$

29 $3\frac{13}{18} \times 3$ ○ $5\frac{1}{6} \times 2$

30 $2\frac{3}{11} \times 3$ ○ $1\frac{19}{24} \times 4$

문장제 + 연산

31 한 바퀴의 거리가 $1\frac{3}{5}$ km인 공원을 연수가 자전거를 타고 **3바퀴** 달렸습니다. 자전거를 타고 달린 거리는 모두 몇 km일까요?

한 바퀴의 거리　　바퀴 수
☐ × ☐ = ☐

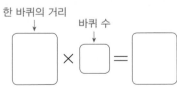

답 자전거를 타고 달린 거리는 모두

☐ km입니다.

◆ 운동별 1분에 소모하는 열량을 보고 보기 와 같이 주어진 시간 동안 운동할 때의 소모 열량을 구하세요.

운동	야구	자전거	수영	테니스	축구	태권도
1분에 소모하는 열량(kcal)	$6\frac{1}{15}$	$11\frac{3}{8}$	$8\frac{9}{10}$	$12\frac{2}{15}$	$9\frac{1}{4}$	$15\frac{3}{5}$

└ 킬로칼로리

보기

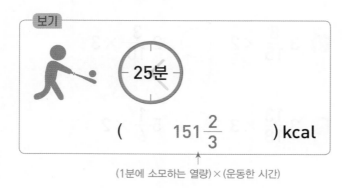

(　　$151\frac{2}{3}$　　) kcal

(1분에 소모하는 열량) × (운동한 시간)

32

(　　　　　) kcal

33

(　　　　　) kcal

34

(　　　　　) kcal

35

(　　　　　) kcal

36

(　　　　　) kcal

실수한 것이 없는지 검토했나요?

예 [　], 아니요 [　]

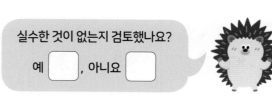

09회 개념 (자연수) × (진분수)

$3 \times \dfrac{3}{4}$은 $3 \times \dfrac{1}{4}$의 3배입니다.

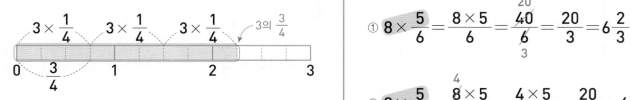

$3 \times \dfrac{1}{4}$의 3배

$3 \times \dfrac{3}{4} = \left(3 \times \dfrac{1}{4}\right) \times 3 = \dfrac{3}{4} \times 3 = \dfrac{9}{4} = 2\dfrac{1}{4}$

분모는 그대로 두고, 자연수와 분자를 곱합니다.

① $8 \times \dfrac{5}{6} = \dfrac{8 \times 5}{6} = \dfrac{\overset{20}{40}}{\underset{3}{6}} = \dfrac{20}{3} = 6\dfrac{2}{3}$

② $8 \times \dfrac{5}{6} = \dfrac{8 \times 5}{\underset{3}{6}} = \dfrac{\overset{4}{} \times 5}{3} = \dfrac{20}{3} = 6\dfrac{2}{3}$

③ $\overset{4}{8} \times \dfrac{5}{\underset{3}{6}} = \dfrac{4 \times 5}{3} = \dfrac{20}{3} = 6\dfrac{2}{3}$

❖ 그림을 보고 ☐ 안에 알맞은 수를 써넣으세요.

1

$2 \times \dfrac{1}{5}$ $2 \times \dfrac{1}{5}$ $2 \times \dfrac{1}{5}$ $2 \times \dfrac{1}{5}$ 2의 $\dfrac{4}{5}$

0 $\dfrac{2}{5}$ 1 2

$2 \times \dfrac{4}{5} = \boxed{} \times 4 = \boxed{} = \boxed{}$

$\left(2 \times \dfrac{1}{5}\right)$의 4배

2

$4 \times \dfrac{1}{3}$ $4 \times \dfrac{1}{3}$ 4의 $\dfrac{2}{3}$

0 $\dfrac{4}{3}$ 1 2 3 4

$4 \times \dfrac{2}{3} = \boxed{} \times 2 = \boxed{} = \boxed{}$

$\left(4 \times \dfrac{1}{3}\right)$의 2배

3

$5 \times \dfrac{1}{4}$ $5 \times \dfrac{1}{4}$ $5 \times \dfrac{1}{4}$ 5의 $\dfrac{3}{4}$

0 $\dfrac{5}{4}$ 1 2 3 4 5

$5 \times \dfrac{3}{4} = \boxed{} \times 3 = \boxed{} = \boxed{}$

$\left(5 \times \dfrac{1}{4}\right)$의 3배

❖ ☐ 안에 알맞은 수를 써넣으세요.

4 $5 \times \dfrac{7}{10} = \dfrac{5 \times 7}{10} = \dfrac{35}{\underset{2}{10}}^{\boxed{}}$

$= \dfrac{\boxed{}}{2} = \boxed{}$

5 $9 \times \dfrac{5}{12} = \dfrac{\overset{3}{9} \times 5}{12} = \dfrac{3 \times 5}{\boxed{}}$

$= \dfrac{\boxed{}}{4} = \boxed{}$

6 $\overset{\boxed{}}{14} \times \dfrac{10}{\underset{3}{21}} = \dfrac{\boxed{} \times \boxed{}}{3}$

$= \dfrac{\boxed{}}{3} = \boxed{}$

2 단원
정답 05쪽

◆ 계산을 하세요.

7 ① $3 \times \dfrac{1}{4}$

② $3 \times \dfrac{1}{5}$

실수 방지 자연수와 진분수의 분모를 곱하면 안 돼요.

8 ① $4 \times \dfrac{4}{7}$

② $4 \times \dfrac{7}{9}$

---

9 ① $8 \times \dfrac{3}{5}$

② $8 \times \dfrac{7}{8}$

10 ① $10 \times \dfrac{3}{4}$

② $10 \times \dfrac{5}{9}$

11 ① $12 \times \dfrac{2}{11}$

② $12 \times \dfrac{1}{6}$

12 ① $21 \times \dfrac{4}{5}$

② $21 \times \dfrac{6}{7}$

◆ 계산을 하세요.

13 ① $8 \times \dfrac{2}{3}$

② $10 \times \dfrac{2}{3}$

14 ① $5 \times \dfrac{3}{4}$

② $7 \times \dfrac{3}{4}$

15 ① $9 \times \dfrac{5}{6}$

② $11 \times \dfrac{5}{6}$

16 ① $6 \times \dfrac{7}{8}$

② $11 \times \dfrac{7}{8}$

17 ① $9 \times \dfrac{3}{10}$

② $25 \times \dfrac{3}{10}$

18 ① $8 \times \dfrac{5}{12}$

② $14 \times \dfrac{5}{12}$

◆ 빈칸에 알맞은 수를 써넣으세요.

19

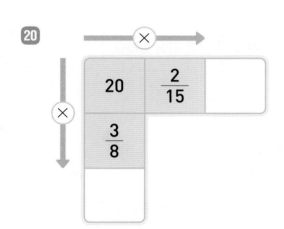

20

◆ 두 수의 곱을 구하세요.

21

6     $\frac{2}{7}$ →

22

12     $\frac{5}{9}$ →

23

9     $\frac{11}{21}$ →

◆ 계산 결과가 더 큰 것의 기호를 쓰세요.

24

㉠ $10 \times \frac{4}{15}$ ㉡ $9 \times \frac{5}{12}$

(   )

25

㉠ $15 \times \frac{4}{9}$ ㉡ $14 \times \frac{5}{8}$

(   )

26

㉠ $5 \times \frac{2}{5}$ ㉡ $3 \times \frac{4}{7}$

(   )

27

㉠ $24 \times \frac{7}{10}$ ㉡ $21 \times \frac{5}{6}$

(   )

문장제 + 연산

28 밀가루가 15 kg 있습니다. 빵을 만드는 데 밀가루의 $\frac{5}{6}$를 사용했다면 사용한 밀가루는 몇 kg일까요?

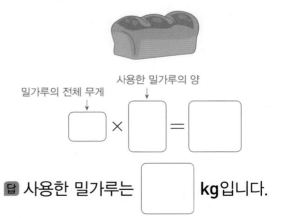

밀가루의 전체 무게   사용한 밀가루의 양

☐ × ☐ = ☐

답 사용한 밀가루는 ☐ kg입니다.

◆ 보기 와 같이 주어진 높이에서 공을 떨어뜨렸을 때 튀어 오른 높이를 구하세요.

보기

떨어진 높이의 $\frac{7}{10}$ 만큼 튀어 올라요.

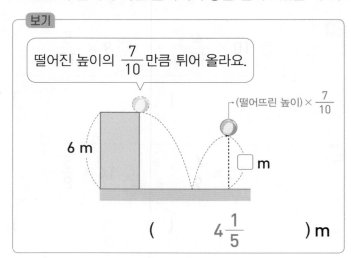

(떨어뜨린 높이) × $\frac{7}{10}$

6 m

☐ m

($4\frac{1}{5}$) m

---

31 떨어진 높이의 $\frac{3}{4}$ 만큼 튀어 올라요.

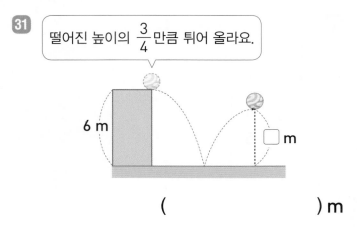

6 m

☐ m

( ) m

---

29 떨어진 높이의 $\frac{8}{15}$ 만큼 튀어 올라요.

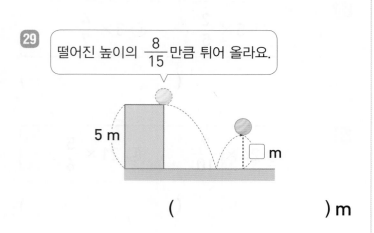

5 m

☐ m

( ) m

---

32 떨어진 높이의 $\frac{4}{7}$ 만큼 튀어 올라요.

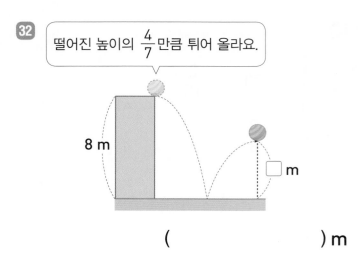

8 m

☐ m

( ) m

---

30 떨어진 높이의 $\frac{9}{14}$ 만큼 튀어 올라요.

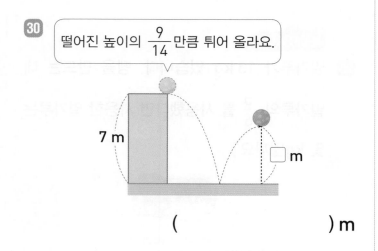

7 m

☐ m

( ) m

---

33 떨어진 높이의 $\frac{9}{11}$ 만큼 튀어 올라요.

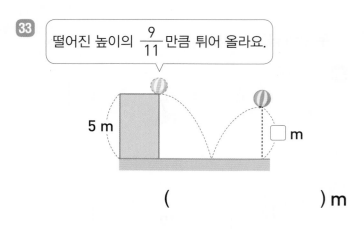

5 m

☐ m

( ) m

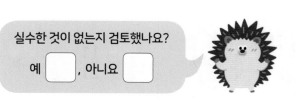

실수한 것이 없는지 검토했나요?

예 ☐ , 아니요 ☐

10회 개념 (자연수) × (대분수)

대분수를 가분수로 바꾸어 계산합니다.

$$4 \times 2\frac{2}{3} = 4 \times \frac{8}{3} = \frac{4 \times 8}{3}$$

$$= \frac{32}{3} = 10\frac{2}{3}$$

자연수에 대분수의 자연수 부분과 진분수 부분을 각각 곱하여 계산합니다.

$$11 \times 5\frac{1}{4} = (11 \times 5) + \left(11 \times \frac{1}{4}\right)$$

$$= 55 + \frac{11}{4} = 55 + 2\frac{3}{4} = 57\frac{3}{4}$$

◈ 대분수를 가분수로 바꾸어 계산하려고 합니다. ☐ 안에 알맞은 수를 써넣으세요.

1 $3 \times 2\frac{3}{5} = 3 \times \dfrac{\boxed{}}{5}$

$$= \dfrac{\boxed{}}{5} = \boxed{}$$

2 $4 \times 1\frac{2}{9} = 4 \times \dfrac{\boxed{}}{9}$

$$= \dfrac{\boxed{}}{9} = \boxed{}$$

3 $6 \times 1\frac{5}{8} = \overset{}{6} \times \dfrac{\boxed{}}{\underset{4}{8}}$

$$= \dfrac{\boxed{}}{4} = \boxed{}$$

4 $9 \times 2\frac{5}{6} = \overset{}{9} \times \dfrac{\boxed{}}{\underset{2}{6}}$

$$= \dfrac{\boxed{}}{2} = \boxed{}$$

◈ 대분수를 자연수와 진분수의 합으로 나타내어 계산하려고 합니다. ☐ 안에 알맞은 수를 써넣으세요.

5 $2 \times 2\frac{3}{7} = (2 \times 2) + \left(2 \times \dfrac{\boxed{}}{7}\right)$

$$= 4 + \dfrac{\boxed{}}{7} = \boxed{}$$

6 $5 \times 4\frac{1}{3} = (5 \times 4) + \left(5 \times \dfrac{\boxed{}}{3}\right)$

$$= 20 + \dfrac{\boxed{}}{3}$$

$$= 20 + 1\dfrac{\boxed{}}{3} = \boxed{}$$

7 $8 \times 2\frac{1}{6} = (8 \times \boxed{}) + \left(\overset{}{8} \times \dfrac{\boxed{}}{\underset{3}{6}}\right)$

$$= 16 + \dfrac{\boxed{}}{3}$$

$$= 16 + 1\dfrac{\boxed{}}{3} = \boxed{}$$

2 단원

정답 05쪽

2. 분수의 곱셈   **045**

◆ 계산을 하세요.

8 ① $3 \times 1\frac{1}{2}$

② $3 \times 2\frac{1}{4}$

실수 방지 대분수를 가분수로 바꾸지 않고 계산하지 않도록 주의해요.

9 ① $4 \times 2\frac{3}{8}$

② $4 \times 2\frac{4}{9}$

10 ① $5 \times 1\frac{3}{10}$

② $5 \times 2\frac{2}{3}$

11 ① $8 \times 1\frac{4}{5}$

② $8 \times 4\frac{5}{12}$

12 ① $15 \times 1\frac{3}{10}$

② $15 \times 3\frac{2}{3}$

13 ① $18 \times 1\frac{7}{12}$

② $18 \times 3\frac{5}{8}$

◆ 계산을 하세요.

14 ① $6 \times 1\frac{1}{3}$

② $7 \times 1\frac{1}{3}$

15 ① $10 \times 1\frac{3}{8}$

② $11 \times 1\frac{3}{8}$

16 ① $2 \times 2\frac{4}{7}$

② $7 \times 2\frac{4}{7}$

17 ① $4 \times 4\frac{2}{5}$

② $5 \times 4\frac{2}{5}$

18 ① $4 \times 2\frac{5}{6}$

② $8 \times 2\frac{5}{6}$

19 ① $2 \times 3\frac{1}{4}$

② $10 \times 3\frac{1}{4}$

✦ 빈칸에 알맞은 수를 써넣으세요.

20
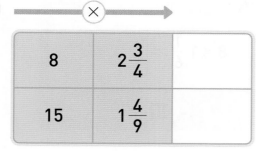

21

| 9 | $1\frac{2}{7}$ | |
| 12 | $2\frac{5}{8}$ | |

✦ 빈칸에 두 수의 곱을 써넣으세요.

22 ① 6 $1\frac{2}{9}$ ② 7 $2\frac{1}{5}$

23 ① 4 $4\frac{3}{4}$ ② 5 $2\frac{3}{7}$

24 ① 3 $1\frac{2}{5}$ ② 10 $1\frac{2}{3}$

✦ 계산 결과가 더 작은 것에 △표 하세요.

25
| $4 \times 3\frac{1}{6}$ | $9 \times 1\frac{8}{15}$ |
| ( ) | ( ) |

26
| $3 \times 1\frac{6}{7}$ | $2 \times 2\frac{2}{5}$ |
| ( ) | ( ) |

27
| $2 \times 3\frac{5}{8}$ | $4 \times 1\frac{5}{9}$ |
| ( ) | ( ) |

28
| $6 \times 1\frac{3}{4}$ | $3 \times 3\frac{7}{10}$ |
| ( ) | ( ) |

2 단원

정답 06쪽

문장제 + 연산

29 1 m의 무게가 6 kg 인 철근이 $1\frac{7}{8}$ m 있습

니다. 이 철근의 무게는 몇 kg일까요?

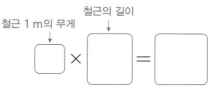
1 m   ← 굵기가 일정해요.

철근 1 m의 무게   철근의 길이

☐ × ☐ = ☐

답 철근의 무게는 ☐ kg입니다.

계산을 하고, 계산 결과와 값이 같은 칸에 해당하는 글자를 써넣어 단어를 완성하세요.

30 $16 \times 1\frac{5}{8} = \boxed{}$

백

31 $5 \times 1\frac{1}{5} = \boxed{}$

지

32 $7 \times 1\frac{2}{3} = \boxed{}$

지

33 $4 \times 1\frac{5}{6} = \boxed{}$

불

34 $8 \times 1\frac{1}{6} = \boxed{}$

피

35 $21 \times 1\frac{5}{14} = \boxed{}$

전

36 $22 \times 1\frac{5}{11} = \boxed{}$

태

37 $12 \times 1\frac{2}{9} = \boxed{}$

기

6	$9\frac{1}{3}$	$11\frac{2}{3}$	$14\frac{2}{3}$	26	$28\frac{1}{2}$	$7\frac{1}{3}$	32

상대를 알고 나를 알면 백 번 싸워도 위태롭지 않다는 뜻이에요.

실수한 것이 없는지 검토했나요?

예 , 아니요

11회 개념 (단위분수)×(단위분수)

$\dfrac{1}{5} \times \dfrac{1}{3}$ 은 $\dfrac{1}{5}$ 의 $\boxed{\dfrac{1}{3}}$ 입니다.

똑같이 3으로 나눈 것 중의 1

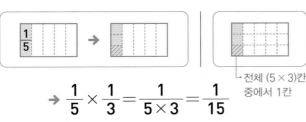

$\rightarrow \dfrac{1}{5} \times \dfrac{1}{3} = \dfrac{1}{5 \times 3} = \dfrac{1}{15}$

전체 (5×3)칸 중에서 1칸

$$\dfrac{1}{\blacksquare} \times \dfrac{1}{\blacktriangle} = \dfrac{1}{\blacksquare \times \blacktriangle}$$

분자 1은 그대로 두고 분모끼리 곱합니다.

$$\dfrac{1}{3} \times \dfrac{1}{4} = \dfrac{1}{3 \times 4} = \dfrac{1}{12}$$

✦ 그림을 보고 ☐ 안에 알맞은 수를 써넣으세요.

1

$\dfrac{1}{2} \times \dfrac{1}{3} = \dfrac{1}{\boxed{} \times \boxed{}} = \boxed{}$

2

$\dfrac{1}{4} \times \dfrac{1}{5} = \dfrac{1}{\boxed{} \times \boxed{}} = \boxed{}$

3

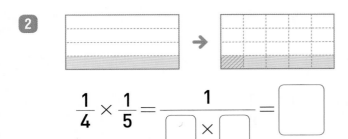

$\dfrac{1}{6} \times \dfrac{1}{2} = \dfrac{1}{\boxed{} \times \boxed{}} = \boxed{}$

4

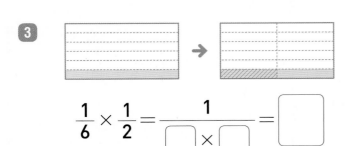

$\dfrac{1}{8} \times \dfrac{1}{4} = \dfrac{1}{\boxed{} \times \boxed{}} = \boxed{}$

✦ ☐ 안에 알맞은 수를 써넣으세요.

5 $\dfrac{1}{4} \times \dfrac{1}{9} = \dfrac{1}{\boxed{} \times \boxed{}} = \boxed{}$

6 $\dfrac{1}{6} \times \dfrac{1}{10} = \dfrac{1}{\boxed{} \times \boxed{}} = \boxed{}$

7 $\dfrac{1}{7} \times \dfrac{1}{7} = \dfrac{1}{\boxed{} \times \boxed{}} = \boxed{}$

8 $\dfrac{1}{9} \times \dfrac{1}{8} = \dfrac{1}{\boxed{} \times \boxed{}} = \boxed{}$

9 $\dfrac{1}{11} \times \dfrac{1}{3} = \dfrac{1}{\boxed{} \times \boxed{}} = \boxed{}$

10 $\dfrac{1}{16} \times \dfrac{1}{5} = \dfrac{1}{\boxed{} \times \boxed{}} = \boxed{}$

2 단원

정답 06쪽

✦ 계산을 하세요.

11 ① $\dfrac{1}{2} \times \dfrac{1}{2}$

② $\dfrac{1}{2} \times \dfrac{1}{4}$

실수 방지 분모끼리 곱한 수가 계산 결과의 분모와 같은지 확인하여 실수를 줄여요.

12 ① $\dfrac{1}{3} \times \dfrac{1}{3}$

② $\dfrac{1}{3} \times \dfrac{1}{8}$

13 ① $\dfrac{1}{5} \times \dfrac{1}{5}$

② $\dfrac{1}{5} \times \dfrac{1}{6}$

14 ① $\dfrac{1}{6} \times \dfrac{1}{7}$

② $\dfrac{1}{6} \times \dfrac{1}{9}$

15 ① $\dfrac{1}{7} \times \dfrac{1}{3}$

② $\dfrac{1}{7} \times \dfrac{1}{8}$

16 ① $\dfrac{1}{10} \times \dfrac{1}{9}$

② $\dfrac{1}{10} \times \dfrac{1}{10}$

✦ 계산을 하세요.

17 ① $\dfrac{1}{6} \times \dfrac{1}{3}$

② $\dfrac{1}{13} \times \dfrac{1}{3}$

18 ① $\dfrac{1}{5} \times \dfrac{1}{4}$

② $\dfrac{1}{7} \times \dfrac{1}{4}$

19 ① $\dfrac{1}{8} \times \dfrac{1}{5}$

② $\dfrac{1}{9} \times \dfrac{1}{5}$

20 ① $\dfrac{1}{6} \times \dfrac{1}{8}$

② $\dfrac{1}{8} \times \dfrac{1}{8}$

21 ① $\dfrac{1}{7} \times \dfrac{1}{11}$

② $\dfrac{1}{9} \times \dfrac{1}{11}$

22 ① $\dfrac{1}{2} \times \dfrac{1}{14}$

② $\dfrac{1}{4} \times \dfrac{1}{14}$

◆ 계산 결과를 찾아 선으로 이으세요.

23

$$\frac{1}{9} \times \frac{1}{2}$$ ・

$$\frac{1}{4} \times \frac{1}{4}$$ ・

・ $$\frac{1}{16}$$

・ $$\frac{1}{18}$$

・ $$\frac{1}{20}$$

24

$$\frac{1}{5} \times \frac{1}{8}$$ ・

$$\frac{1}{4} \times \frac{1}{11}$$ ・

・ $$\frac{1}{48}$$

・ $$\frac{1}{44}$$

・ $$\frac{1}{40}$$

◆ 두 수의 곱을 오른쪽 빈칸에 써넣으세요.

25

$$\boxed{\frac{1}{4} \quad \frac{1}{3}} \rightarrow \boxed{\quad \frac{1}{2}} \rightarrow \boxed{\quad}$$

26

$$\boxed{\frac{1}{4} \quad \frac{1}{2}} \rightarrow \boxed{\quad \frac{1}{7}} \rightarrow \boxed{\quad}$$

27

$$\boxed{\frac{1}{7} \quad \frac{1}{2}} \rightarrow \boxed{\quad \frac{1}{2}} \rightarrow \boxed{\quad}$$

◆ 가장 큰 수와 가장 작은 수의 곱을 구하세요.

28

$$\frac{1}{2} \quad \frac{1}{5} \quad \frac{1}{8}$$

(   )

29

$$\frac{1}{10} \quad \frac{1}{7} \quad \frac{1}{5}$$

(   )

30

$$\frac{1}{13} \quad \frac{1}{3} \quad \frac{1}{9}$$

(   )

문장제 + 연산

31 다은이네 반 학생의 $\frac{1}{2}$ 은 여학생이고, 여학생 중에서 $\frac{1}{7}$ 은 안경을 썼습니다. <u>안경을 쓴 여학생은 전체의 얼마</u>일까요?

여학생   여학생 중 안경을 쓴 학생
↓   ↓

$$\boxed{\quad} \times \boxed{\quad} = \boxed{\quad}$$

답 안경을 쓴 여학생은 전체의 $\boxed{\quad}$ 입니다.

◆ 두 수의 곱을 구하세요.

 $\frac{1}{10}$　 $\frac{1}{3}$　 $\frac{1}{9}$　 $\frac{1}{6}$　 $\frac{1}{5}$　 $\frac{1}{7}$　 $\frac{1}{8}$　 $\frac{1}{4}$

같은 도형에 적힌 두 수	같은 색깔에 적힌 두 수

32 ◯ → (　　　　　)

36  → (　　　　　)

33 △ → (　　　　　)

37 → (　　　　　)

34 ☆ → (　　　　　)

38  → (　　　　　)

35 ⬠ → (　　　　　)

39  → (　　　　　)

실수한 것이 없는지 검토했나요?

예 ☐ , 아니요 ☐

12회 개념 (진분수)×(진분수)

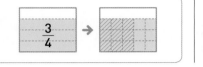

똑같이 5로 나눈 것 중의 3
$\frac{3}{4} \times \frac{3}{5}$은 $\frac{3}{4}$의 $\boxed{\frac{3}{5}}$입니다.

전체 (4×5)칸 중에서 (3×3)칸
$\rightarrow \frac{3}{4} \times \frac{3}{5} = \frac{3\times3}{4\times5} = \frac{9}{20}$

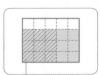

$$\frac{♥}{■} \times \frac{★}{▲} = \frac{♥\times★}{■\times▲}$$

분모는 분모끼리, 분자는 분자끼리 곱합니다.

$$\frac{5}{6} \times \frac{3}{8} = \frac{5\times3}{6\times8} = \frac{5\times1}{2\times8} = \frac{5}{16}$$

곱하기 전에 약분하거나 곱한 후에 약분할 수도 있어요.

✦ 그림을 보고 ☐ 안에 알맞은 수를 써넣으세요.

1

$$\frac{2}{3} \times \frac{1}{3} = \frac{☐\times1}{3\times☐} = ☐$$

2

$$\frac{1}{4} \times \frac{5}{6} = \frac{1\times☐}{☐\times6} = ☐$$

3

$$\frac{2}{5} \times \frac{4}{7} = \frac{☐\times4}{5\times☐} = ☐$$

4

$$\frac{7}{8} \times \frac{3}{5} = \frac{7\times☐}{☐\times5} = ☐$$

✦ ☐ 안에 알맞은 수를 써넣으세요.

5 $\dfrac{1}{\underset{3}{\cancel{6}}} \times \dfrac{8}{15} = \dfrac{☐\times☐}{3\times15} = ☐$

6 $\dfrac{\overset{1}{\cancel{5}}}{\cancel{14}} \times \dfrac{\overset{1}{\cancel{7}}}{20} = \dfrac{1\times1}{☐\times☐} = ☐$

7 $\dfrac{5}{12} \times \dfrac{3}{8} = \dfrac{5\times\overset{1}{\cancel{3}}}{\underset{☐}{\cancel{12}}\times8}$

$= \dfrac{5\times1}{☐\times☐} = ☐$

8 $\dfrac{18}{25} \times \dfrac{5}{9} = \dfrac{\overset{☐}{\cancel{18}}\times\overset{☐}{\cancel{5}}}{\underset{5}{\cancel{25}}\times\underset{1}{\cancel{9}}}$

$= \dfrac{☐\times☐}{5\times1} = ☐$

2 단원
정답 07쪽

◆ 계산을 하세요.

9 ① $\dfrac{2}{3} \times \dfrac{2}{5}$

② $\dfrac{2}{3} \times \dfrac{2}{7}$

실수 방지 분모끼리 또는 분자끼리 약분하지 않도록 주의해요.

10 ① $\dfrac{3}{4} \times \dfrac{3}{8}$

② $\dfrac{3}{4} \times \dfrac{5}{7}$

11 ① $\dfrac{2}{5} \times \dfrac{7}{10}$

② $\dfrac{2}{5} \times \dfrac{3}{11}$

12 ① $\dfrac{5}{6} \times \dfrac{5}{9}$

② $\dfrac{5}{6} \times \dfrac{7}{15}$

13 ① $\dfrac{4}{7} \times \dfrac{2}{3}$

② $\dfrac{4}{7} \times \dfrac{5}{6}$

14 ① $\dfrac{7}{9} \times \dfrac{3}{7}$

② $\dfrac{7}{9} \times \dfrac{3}{10}$

◆ 계산을 하세요.

15 ① $\dfrac{1}{4} \times \dfrac{5}{7}$

② $\dfrac{5}{9} \times \dfrac{5}{7}$

16 ① $\dfrac{5}{6} \times \dfrac{3}{4}$

② $\dfrac{1}{7} \times \dfrac{3}{4}$

17 ① $\dfrac{3}{5} \times \dfrac{7}{8}$

② $\dfrac{2}{7} \times \dfrac{7}{8}$

18 ① $\dfrac{6}{7} \times \dfrac{4}{5}$

② $\dfrac{10}{11} \times \dfrac{4}{5}$

19 ① $\dfrac{5}{7} \times \dfrac{4}{9}$

② $\dfrac{3}{10} \times \dfrac{4}{9}$

20 ① $\dfrac{4}{5} \times \dfrac{11}{12}$

② $\dfrac{3}{7} \times \dfrac{11}{12}$

◆ 빈칸에 알맞은 수를 써넣으세요.

21
×	$\frac{4}{5}$	$\frac{5}{6}$
$\frac{2}{3}$		

22
×	$\frac{2}{7}$	$\frac{4}{9}$
$\frac{3}{8}$		

◆ 빈칸에 알맞은 수를 써넣으세요.

23
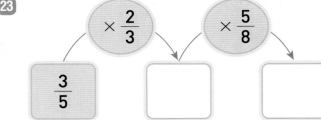

$\frac{3}{5}$ $\times \frac{2}{3}$ → ☐ $\times \frac{5}{8}$ → ☐

24
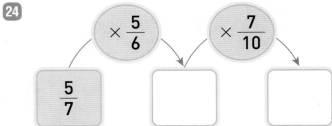

$\frac{5}{7}$ $\times \frac{5}{6}$ → ☐ $\times \frac{7}{10}$ → ☐

25
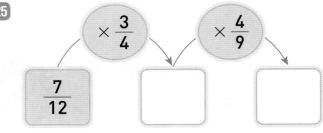

$\frac{7}{12}$ $\times \frac{3}{4}$ → ☐ $\times \frac{4}{9}$ → ☐

◆ 계산 결과가 다른 하나를 찾아 ○표 하세요.

26
$\frac{2}{5} \times \frac{1}{3}$ $\frac{3}{4} \times \frac{4}{27}$ $\frac{4}{9} \times \frac{3}{10}$

27
$\frac{1}{4} \times \frac{5}{9}$ $\frac{1}{6} \times \frac{5}{6}$ $\frac{5}{7} \times \frac{1}{4}$

28
$\frac{5}{6} \times \frac{3}{7}$ $\frac{4}{7} \times \frac{7}{8}$ $\frac{9}{14} \times \frac{5}{9}$

29
$\frac{8}{25} \times \frac{15}{16}$ $\frac{9}{10} \times \frac{2}{3}$ $\frac{3}{4} \times \frac{4}{5}$

문장제 + 연산

30 길이가 $\frac{9}{10}$ m인 끈이 있습니다. 이 끈의 $\frac{4}{5}$ 를 사용하여 선물을 포장했을 때 <u>사용한 끈의 길이는 몇 m</u>일까요?

끈의 길이   사용한 양
☐ × ☐ = ☐

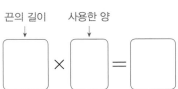

답 사용한 끈의 길이는 ☐ m입니다.

◆ 보기 와 같이 송아지가 먹은 농작물의 양은 몇 kg인지 구하세요.

감자 $\dfrac{9}{14}$ kg 옥수수 $\dfrac{1}{25}$ kg 당근 $\dfrac{21}{26}$ kg 고구마 $\dfrac{3}{8}$ kg 호박 $\dfrac{2}{9}$ kg 콩 $\dfrac{27}{40}$ kg

보기

감자의 $\dfrac{7}{24}$ 을 먹었어요.

($\dfrac{3}{16}$) kg

(감자의 양)×(먹은 양)

33

고구마의 $\dfrac{5}{8}$ 를 먹었어요.

(   ) kg

31

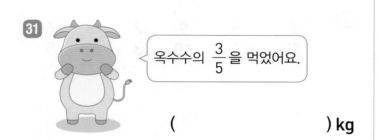

옥수수의 $\dfrac{3}{5}$ 을 먹었어요.

(   ) kg

34

호박의 $\dfrac{3}{10}$ 을 먹었어요.

(   ) kg

32

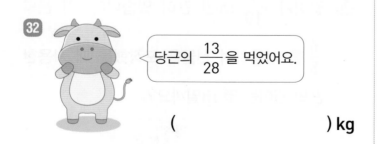

당근의 $\dfrac{13}{28}$ 을 먹었어요.

(   ) kg

35

콩의 $\dfrac{25}{36}$ 를 먹었어요.

(   ) kg

실수한 것이 없는지 검토했나요?

예 [   ] , 아니요 [   ]

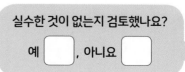

13회 개념 (대분수)×(대분수)

대분수를 가분수로 바꾸어 계산합니다.

$$2\frac{2}{5} \times 1\frac{1}{3} = \frac{12}{5} \times \frac{4}{3}$$

분모는 분모끼리, 분자는 분자끼리 곱해요.

$$= \frac{12 \times \overset{4}{\cancel{4}}}{5 \times \underset{1}{\cancel{3}}}$$

$$= \frac{16}{5} = 3\frac{1}{5}$$

대분수에 다른 대분수의 자연수 부분과 진분수 부분을 각각 곱하여 계산합니다.

$$2\frac{1}{5} \times 1\frac{3}{4} = \left(2\frac{1}{5} \times 1\right) + \left(2\frac{1}{5} \times \frac{3}{4}\right)$$

$1 + \frac{3}{4}$

$$= \frac{11}{5} + \frac{33}{20} = \frac{44}{20} + \frac{33}{20}$$

$$= \frac{77}{20} = 3\frac{17}{20}$$

$2\frac{1}{5}$을 $2 + \frac{1}{5}$로 나타내어 계산해도 결과는 같아요.

✦ 대분수를 가분수로 바꾸어 계산하려고 합니다. ☐ 안에 알맞은 수를 써넣으세요.

① $1\frac{2}{5} \times 1\frac{1}{3} = \frac{\boxed{}}{5} \times \frac{\boxed{}}{3}$

$$= \frac{\boxed{}}{15} = \boxed{}$$

② $2\frac{3}{4} \times 1\frac{1}{2} = \frac{\boxed{}}{4} \times \frac{\boxed{}}{2}$

$$= \frac{\boxed{}}{8} = \boxed{}$$

③ $2\frac{4}{7} \times 2\frac{1}{6} = \frac{\boxed{}}{7} \times \frac{\boxed{}}{6}$

$$= \frac{\boxed{}}{42} = \frac{\boxed{}}{7} = \boxed{}$$

④ $3\frac{1}{4} \times 2\frac{2}{9} = \frac{\boxed{}}{4} \times \frac{\boxed{}}{9}$

$$= \frac{\boxed{}}{36} = \frac{\boxed{}}{9} = \boxed{}$$

✦ 대분수를 자연수와 진분수의 합으로 나타내어 계산하려고 합니다. ☐ 안에 알맞은 수를 써넣으세요.

⑤ $1\frac{5}{6} \times 1\frac{3}{8} = \left(1\frac{5}{6} \times 1\right) + \left(1\frac{5}{6} \times \frac{3}{8}\right)$

$$= \frac{\boxed{}}{6} + \frac{\boxed{}}{48}$$

$$= \frac{\boxed{}}{48} = \boxed{}$$

⑥ $1\frac{8}{9} \times 2\frac{4}{5} = \left(1 \times 2\frac{4}{5}\right) + \left(\frac{8}{9} \times 2\frac{4}{5}\right)$

$$= \frac{\boxed{}}{5} + \frac{\boxed{}}{45}$$

$$= \frac{\boxed{}}{45} = \boxed{}$$

⑦ $2\frac{5}{7} \times 2\frac{1}{4} = \left(2\frac{5}{7} \times 2\right) + \left(2\frac{5}{7} \times \frac{1}{4}\right)$

$$= \frac{\boxed{}}{7} + \frac{\boxed{}}{28}$$

$$= \frac{\boxed{}}{28} = \boxed{}$$

✦ 계산을 하세요.

8 ① $1\dfrac{3}{4} \times 1\dfrac{1}{3}$

② $1\dfrac{3}{4} \times 1\dfrac{4}{5}$

실수 방지 　대분수 상태에서 약분하지 않도록 주의해요.

9 ① $1\dfrac{2}{7} \times 2\dfrac{5}{8}$

② $1\dfrac{2}{7} \times 2\dfrac{3}{5}$

10 ① $1\dfrac{3}{8} \times 1\dfrac{1}{4}$

② $1\dfrac{3}{8} \times 3\dfrac{5}{9}$

11 ① $2\dfrac{1}{5} \times 1\dfrac{1}{3}$

② $2\dfrac{1}{5} \times 1\dfrac{5}{11}$

12 ① $3\dfrac{1}{4} \times 1\dfrac{7}{9}$

② $3\dfrac{1}{4} \times 2\dfrac{2}{3}$

13 ① $4\dfrac{1}{2} \times 2\dfrac{2}{5}$

② $4\dfrac{1}{2} \times 3\dfrac{3}{7}$

✦ 계산을 하세요.

14 ① $2\dfrac{2}{5} \times 1\dfrac{1}{4}$

② $2\dfrac{1}{8} \times 1\dfrac{1}{4}$

15 ① $1\dfrac{1}{8} \times 1\dfrac{3}{7}$

② $1\dfrac{7}{9} \times 1\dfrac{3}{7}$

16 ① $1\dfrac{1}{9} \times 1\dfrac{1}{10}$

② $4\dfrac{5}{6} \times 1\dfrac{1}{10}$

17 ① $1\dfrac{1}{2} \times 2\dfrac{3}{8}$

② $1\dfrac{1}{3} \times 2\dfrac{3}{8}$

18 ① $1\dfrac{2}{3} \times 2\dfrac{7}{9}$

② $7\dfrac{1}{2} \times 2\dfrac{7}{9}$

19 ① $1\dfrac{5}{6} \times 3\dfrac{3}{5}$

② $3\dfrac{3}{4} \times 3\dfrac{3}{5}$

◆ 빈칸에 알맞은 수를 써넣으세요.

20

$4\frac{1}{4}$	$3\frac{2}{5}$

$\times 1\frac{1}{3}$

21

$1\frac{3}{14}$	$3\frac{1}{8}$

$\times 2\frac{4}{5}$

22

$1\frac{2}{17}$	$2\frac{1}{5}$

$\times 8\frac{1}{2}$

◆ 빈칸에 두 수의 곱을 써넣으세요.

23 ①

$3\frac{3}{4}$	
$1\frac{2}{5}$	

②

$1\frac{1}{6}$	
$2\frac{4}{7}$	

24 ①

$10\frac{4}{5}$	
$1\frac{1}{2}$	

②

$2\frac{1}{2}$	
$4\frac{2}{3}$	

25 ①

$4\frac{1}{6}$	
$1\frac{3}{5}$	

②

$3\frac{3}{8}$	
$3\frac{5}{9}$	

◆ 계산 결과가 더 큰 것의 기호를 쓰세요.

26

ㄱ $3\frac{1}{4} \times 2\frac{1}{2}$ 　　ㄴ $1\frac{1}{6} \times 4\frac{1}{3}$

(　　　　　)

27

ㄱ $2\frac{1}{12} \times 1\frac{3}{5}$ 　　ㄴ $2\frac{2}{7} \times 1\frac{1}{8}$

(　　　　　)

28

ㄱ $3\frac{1}{8} \times 1\frac{1}{10}$ 　　ㄴ $1\frac{1}{3} \times 3\frac{1}{2}$

(　　　　　)

29

ㄱ $4\frac{1}{4} \times 2\frac{2}{3}$ 　　ㄴ $4\frac{3}{7} \times 2\frac{1}{3}$

(　　　　　)

문장제 + 연산

30 직사각형 모양의 텃밭의 넓이는 몇 m²일까요?

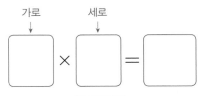

$2\frac{2}{9}$ m

$5\frac{1}{4}$ m

가로　　세로

　☐　×　☐　=　☐

답 텃밭의 넓이는 ☐ m²입니다.

계산 결과에 ◯표 하고, ◯표 한 수와 연결된 알파벳을 번호 순서대로 ☐ 안에 써넣어 단어를 완성하세요.

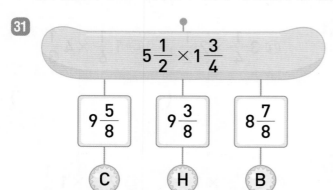

31

$5\frac{1}{2} \times 1\frac{3}{4}$

$9\frac{5}{8}$	$9\frac{3}{8}$	$8\frac{7}{8}$
C	H	B

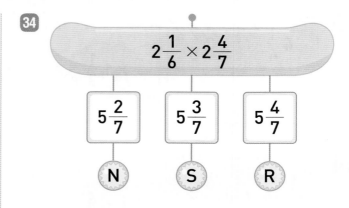

34

$2\frac{1}{6} \times 2\frac{4}{7}$

$5\frac{2}{7}$	$5\frac{3}{7}$	$5\frac{4}{7}$
N	S	R

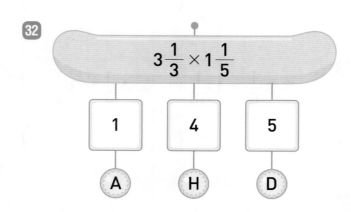

32

$3\frac{1}{3} \times 1\frac{1}{5}$

1	4	5
A	H	D

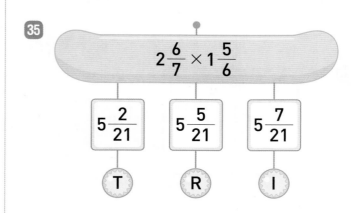

35

$2\frac{6}{7} \times 1\frac{5}{6}$

$5\frac{2}{21}$	$5\frac{5}{21}$	$5\frac{7}{21}$
T	R	I

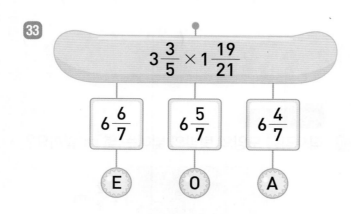

33

$3\frac{3}{5} \times 1\frac{19}{21}$

$6\frac{6}{7}$	$6\frac{5}{7}$	$6\frac{4}{7}$
E	O	A

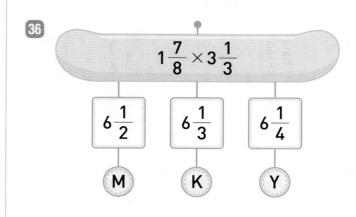

36

$1\frac{7}{8} \times 3\frac{1}{3}$

$6\frac{1}{2}$	$6\frac{1}{3}$	$6\frac{1}{4}$
M	K	Y

실수한 것이 없는지 검토했나요?

예 ☐ , 아니요 ☐

14회 개념 세 분수의 곱셈

앞에서부터 두 분수씩 차례대로 곱하여 계산합니다.

$$\frac{3}{5} \times \frac{7}{8} \times \frac{5}{12} = \frac{3 \times 7}{5 \times 8} \times \frac{5}{12}$$

$$= \frac{\overset{7}{\cancel{21}}}{\underset{8}{\cancel{40}}} \times \frac{\overset{1}{\cancel{5}}}{\underset{4}{\cancel{12}}} = \frac{7}{32}$$

세 분수를 한꺼번에 곱하여 계산합니다.

$$\frac{4}{7} \times \frac{3}{5} \times \frac{7}{8} = \frac{4 \times 3 \times 7}{7 \times 5 \times 8}$$

> 계산하기 전에 약분하거나 계산 과정에서 약분해도 결과는 같아요.

$$= \frac{\overset{3}{\cancel{84}}}{\underset{10}{\cancel{280}}} = \frac{3}{10}$$

❖ 앞에서부터 두 분수씩 차례대로 곱하여 계산하려고 합니다. ⬜ 안에 알맞은 수를 써넣으세요.

1 $\dfrac{7}{8} \times \dfrac{5}{6} \times \dfrac{1}{4} = \dfrac{7 \times 5}{8 \times 6} \times \dfrac{1}{4}$

$$= \dfrac{\boxed{}}{48} \times \dfrac{1}{4} = \boxed{}$$

2 $\dfrac{4}{9} \times \dfrac{5}{7} \times \dfrac{7}{11} = \dfrac{4 \times 5}{9 \times 7} \times \dfrac{7}{11}$

$$= \dfrac{\boxed{}}{63} \times \dfrac{\overset{1}{\cancel{7}}}{11} = \boxed{}$$

3 $\dfrac{1}{4} \times \dfrac{2}{21} \times \dfrac{7}{9} = \dfrac{1 \times \overset{}{\cancel{2}}}{\underset{2}{\cancel{4}} \times 21} \times \dfrac{7}{9}$

$$= \dfrac{\boxed{}}{\underset{\boxed{}}{42}} \times \dfrac{\overset{1}{\cancel{7}}}{9} = \boxed{}$$

4 $\dfrac{5}{6} \times \dfrac{2}{3} \times \dfrac{4}{7} = \dfrac{5 \times \overset{\boxed{}}{\cancel{2}}}{\underset{3}{\cancel{6}} \times 3} \times \dfrac{4}{7}$

$$= \dfrac{\boxed{}}{9} \times \dfrac{4}{7} = \boxed{}$$

❖ 세 분수를 한꺼번에 곱하여 계산하려고 합니다. ⬜ 안에 알맞은 수를 써넣으세요.

5 $\dfrac{5}{7} \times \dfrac{3}{4} \times \dfrac{14}{15} = \dfrac{5 \times 3 \times 14}{7 \times 4 \times 15}$

$$= \dfrac{210}{\boxed{}} = \dfrac{1}{\boxed{}}$$

6 $\dfrac{3}{8} \times \dfrac{1}{2} \times \dfrac{7}{12} = \dfrac{3 \times 1 \times 7}{8 \times 2 \times 12}$

$$= \dfrac{21}{\boxed{}} = \dfrac{7}{\boxed{}}$$

7 $\dfrac{11}{12} \times \dfrac{7}{10} \times \dfrac{9}{14} = \dfrac{11 \times 7 \times \overset{\boxed{}}{9}}{\underset{4}{\cancel{12}} \times 10 \times \underset{2}{\cancel{14}}}$

$$= \boxed{}$$

8 $\dfrac{5}{6} \times \dfrac{5}{9} \times \dfrac{2}{3} = \dfrac{\boxed{} \times \boxed{} \times 1}{\boxed{} \times 9 \times \boxed{}}$

$$= \boxed{}$$

2단원 정답 08쪽

◈ 계산을 하세요.

9 ① $\dfrac{2}{3} \times \dfrac{3}{4} \times \dfrac{1}{2}$

② $\dfrac{2}{3} \times \dfrac{1}{9} \times \dfrac{2}{3}$

10 ① $\dfrac{3}{5} \times \dfrac{3}{4} \times \dfrac{1}{2}$

② $\dfrac{3}{5} \times \dfrac{1}{9} \times \dfrac{2}{3}$

11 ① $\dfrac{5}{6} \times \dfrac{3}{4} \times \dfrac{1}{2}$

② $\dfrac{5}{6} \times \dfrac{1}{9} \times \dfrac{2}{3}$

12 ① $\dfrac{4}{7} \times \dfrac{3}{4} \times \dfrac{1}{2}$

② $\dfrac{4}{7} \times \dfrac{1}{5} \times \dfrac{2}{3}$

실수 방지 대분수가 있을 때에는 먼저 대분수를 가분수로 바꾸어야 해요.

13 ① $\dfrac{5}{9} \times \dfrac{3}{4} \times 1\dfrac{3}{5}$

② $\dfrac{5}{9} \times 1\dfrac{3}{8} \times \dfrac{2}{3}$

14 ① $\dfrac{9}{16} \times \dfrac{3}{4} \times \dfrac{2}{3}$

② $\dfrac{9}{16} \times \dfrac{1}{9} \times 2\dfrac{1}{2}$

◈ 계산을 하세요.

15 ① $\dfrac{2}{5} \times \dfrac{1}{9} \times \dfrac{3}{4}$

② $\dfrac{1}{3} \times \dfrac{1}{6} \times \dfrac{3}{4}$

16 ① $\dfrac{10}{11} \times \dfrac{1}{2} \times \dfrac{4}{5}$

② $\dfrac{1}{3} \times 1\dfrac{1}{9} \times \dfrac{4}{5}$

17 ① $\dfrac{1}{7} \times \dfrac{2}{3} \times \dfrac{1}{6}$

② $\dfrac{3}{4} \times \dfrac{1}{2} \times \dfrac{1}{6}$

18 ① $\dfrac{5}{9} \times \dfrac{1}{3} \times \dfrac{2}{7}$

② $\dfrac{1}{6} \times \dfrac{7}{8} \times \dfrac{2}{7}$

19 ① $\dfrac{3}{8} \times \dfrac{4}{5} \times \dfrac{5}{8}$

② $\dfrac{5}{6} \times \dfrac{6}{7} \times \dfrac{5}{8}$

20 ① $\dfrac{1}{2} \times 3\dfrac{1}{5} \times \dfrac{7}{10}$

② $3\dfrac{1}{4} \times \dfrac{1}{2} \times \dfrac{7}{10}$

◆ 빈칸에 알맞은 수를 써넣으세요.

21

$\frac{5}{6}$ ── $\times \frac{1}{4}$ ── $\times \frac{4}{5}$ → ☐

22

$\frac{5}{11}$ ── $\times \frac{5}{6}$ ── $\times \frac{4}{5}$ → ☐

23

$2\frac{2}{5}$ ── $\times \frac{5}{9}$ ── $\times \frac{3}{4}$ → ☐

◆ 세 분수의 곱을 구하세요.

24

| $\frac{5}{6}$ | $\frac{5}{7}$ | $\frac{1}{5}$ |

(   )

25

| $\frac{1}{2}$ | $\frac{7}{8}$ | $\frac{3}{4}$ |

(   )

26

| $\frac{4}{9}$ | $1\frac{3}{4}$ | $\frac{2}{3}$ |

(   )

◆ 크기를 비교하여 ○ 안에 >, =, <를 알맞게 써넣으세요.

27 $\frac{1}{4} \times 2\frac{2}{3} \times \frac{9}{10}$ ○ $\frac{2}{5}$

28 $\frac{5}{7} \times \frac{3}{4} \times 1\frac{1}{5}$ ○ $\frac{11}{14}$

29 $1\frac{3}{8} \times \frac{6}{7} \times \frac{9}{11}$ ○ $\frac{25}{28}$

30 $\frac{7}{9} \times \frac{4}{5} \times 2\frac{1}{2}$ ○ $1\frac{7}{9}$

문장제 + 연산

31 연희가 가지고 있는 사탕의 $\frac{1}{5}$ 은 막대 사탕

입니다. 막대 사탕의 $\frac{3}{4}$ 은 딸기 맛이고, 그중

$\frac{1}{3}$ 을 친구들에게 주었습니다. 친구들에게

준 딸기 맛 막대 사탕은 전체 사탕의 얼마일

까요?

막대 사탕   딸기 맛 사탕   친구들에게 준 사탕
↓   ↓   ↓

☐ × ☐ × ☐ = ☐

답 친구들에게 준 딸기 맛 막대 사탕은 전체

사탕의 ☐ 입니다.

선을 따라 내려가며 만나는 수를 모두 곱한 값을 빈칸에 써넣으세요.

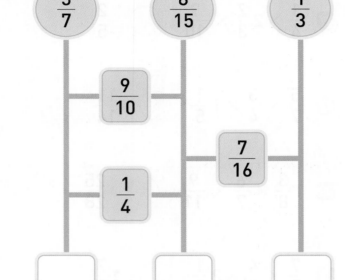

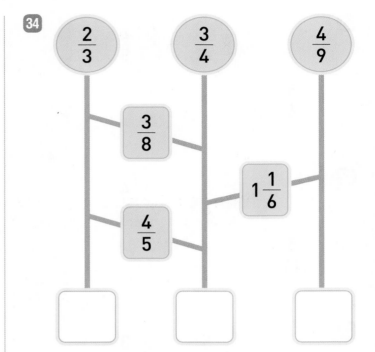

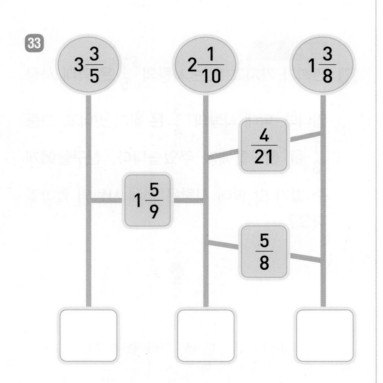

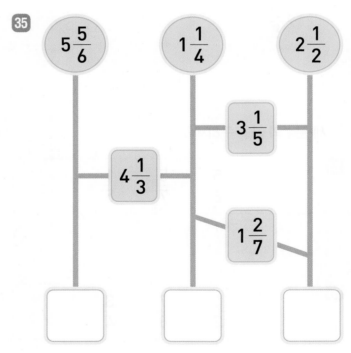

실수한 것이 없는지 검토했나요?
예 □ , 아니요 □

15회 테스트 2. 분수의 곱셈

◆ 계산을 하세요.

1 ① $\dfrac{1}{4} \times 2$

② $\dfrac{1}{4} \times 5$

2 ① $\dfrac{5}{6} \times 7$

② $\dfrac{5}{6} \times 10$

3 ① $\dfrac{2}{9} \times 3$

② $\dfrac{2}{9} \times 15$

4 ① $1\dfrac{1}{3} \times 5$

② $1\dfrac{1}{3} \times 8$

5 ① $2\dfrac{2}{5} \times 4$

② $2\dfrac{2}{5} \times 10$

6 ① $3\dfrac{3}{8} \times 3$

② $3\dfrac{3}{8} \times 6$

◆ 계산을 하세요.

7 ① $5 \times \dfrac{2}{3}$

② $11 \times \dfrac{2}{3}$

8 ① $8 \times \dfrac{3}{4}$

② $9 \times \dfrac{3}{4}$

9 ① $9 \times \dfrac{5}{8}$

② $12 \times \dfrac{5}{8}$

10 ① $7 \times 1\dfrac{2}{7}$

② $9 \times 1\dfrac{2}{7}$

11 ① $2 \times 2\dfrac{4}{9}$

② $15 \times 2\dfrac{4}{9}$

12 ① $6 \times 3\dfrac{1}{4}$

② $8 \times 3\dfrac{1}{4}$

◆ 계산을 하세요.

13 ① $\dfrac{1}{2} \times \dfrac{1}{7}$

② $\dfrac{1}{2} \times \dfrac{1}{11}$

14 ① $\dfrac{1}{5} \times \dfrac{1}{9}$

② $\dfrac{1}{5} \times \dfrac{1}{13}$

15 ① $\dfrac{1}{12} \times \dfrac{1}{3}$

② $\dfrac{1}{12} \times \dfrac{1}{4}$

16 ① $\dfrac{2}{3} \times \dfrac{3}{8}$

② $\dfrac{2}{3} \times \dfrac{1}{9}$

17 ① $\dfrac{4}{5} \times \dfrac{3}{7}$

② $\dfrac{4}{5} \times \dfrac{7}{8}$

18 ① $\dfrac{5}{8} \times \dfrac{3}{10}$

② $\dfrac{5}{8} \times \dfrac{12}{13}$

◆ 계산을 하세요.

19 ① $1\dfrac{1}{2} \times 3\dfrac{1}{2}$

② $1\dfrac{1}{2} \times 2\dfrac{3}{4}$

20 ① $1\dfrac{3}{4} \times 1\dfrac{1}{7}$

② $1\dfrac{3}{4} \times 2\dfrac{1}{3}$

21 ① $2\dfrac{2}{3} \times 2\dfrac{2}{5}$

② $2\dfrac{2}{3} \times 1\dfrac{1}{8}$

22 ① $\dfrac{3}{4} \times \dfrac{5}{8} \times \dfrac{2}{3}$

② $\dfrac{3}{4} \times \dfrac{2}{9} \times \dfrac{1}{2}$

23 ① $\dfrac{2}{5} \times \dfrac{3}{8} \times \dfrac{1}{4}$

② $\dfrac{2}{5} \times \dfrac{5}{6} \times \dfrac{7}{9}$

24 ① $\dfrac{1}{7} \times 1\dfrac{1}{4} \times \dfrac{2}{3}$

② $\dfrac{1}{7} \times \dfrac{3}{5} \times 2\dfrac{1}{2}$

빈칸에 알맞은 수를 써넣으세요.

25
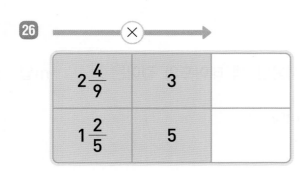

| $\frac{8}{9}$ | 2 | |
| $\frac{3}{11}$ | 5 | |

26
×

| $2\frac{4}{9}$ | 3 | |
| $1\frac{2}{5}$ | 5 | |

계산 결과를 찾아 ○표 하세요.

27 $4 \times \frac{4}{5}$ | $2\frac{4}{5}$ $3\frac{1}{5}$ $3\frac{3}{5}$

28 $7 \times \frac{7}{10}$ | $4\frac{3}{10}$ $4\frac{7}{10}$ $4\frac{9}{10}$

29 $3 \times 1\frac{5}{8}$ | $4\frac{7}{8}$ $5\frac{1}{8}$ $5\frac{3}{8}$

30 $6 \times 3\frac{1}{9}$ | $19\frac{2}{3}$ $19\frac{1}{3}$ $18\frac{2}{3}$

빈칸에 세 수의 곱을 써넣으세요.

31 | $\frac{1}{2}$ | $\frac{7}{8}$ | $\frac{5}{6}$ | |

32 | $\frac{8}{9}$ | $\frac{1}{3}$ | $\frac{9}{16}$ | |

33 | $\frac{3}{8}$ | $\frac{5}{12}$ | $\frac{3}{10}$ | |

34 | $\frac{5}{6}$ | $\frac{2}{9}$ | $2\frac{1}{2}$ | |

2 단원 정답 09쪽

크기를 비교하여 ○ 안에 >, =, <를 알맞게 써넣으세요.

35 $\frac{1}{3} \times \frac{1}{7}$ ○ $\frac{1}{8} \times \frac{1}{3}$

36 $\frac{1}{9} \times \frac{1}{9}$ ○ $\frac{1}{8} \times \frac{1}{10}$

37 $\frac{5}{18} \times \frac{9}{10}$ ○ $\frac{9}{14} \times \frac{7}{12}$

38 $1\frac{5}{6} \times 1\frac{1}{3}$ ○ $1\frac{2}{9} \times 1\frac{1}{4}$

◆ 문제를 읽고 답을 구하세요.

39 귤 한 상자의 무게는 $2\frac{1}{2}$ kg입니다. 귤 5상자의 무게는 몇 kg일까요?

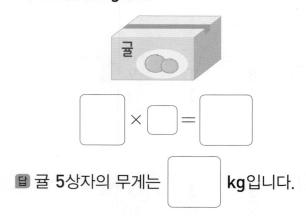

$\boxed{} \times \boxed{} = \boxed{}$

답 귤 5상자의 무게는 $\boxed{}$ kg입니다.

40 밀가루가 16 kg 있습니다. 빵을 만드는 데 밀가루의 $\frac{3}{8}$ 을 사용했다면 사용한 밀가루는 몇 kg일까요?

$\boxed{} \times \boxed{} = \boxed{}$

답 사용한 밀가루는 $\boxed{}$ kg입니다.

◆ 문제를 읽고 답을 구하세요.

41 길이가 $\frac{3}{7}$ m인 색 테이프가 있습니다. 이 색 테이프의 $\frac{2}{5}$ 를 사용하여 선물을 포장했을 때 사용한 색 테이프의 길이는 몇 m일까요?

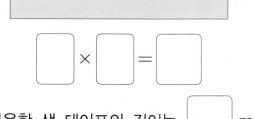

$\boxed{} \times \boxed{} = \boxed{}$

답 사용한 색 테이프의 길이는 $\boxed{}$ m입니다.

42 직사각형 모양의 창문의 넓이는 몇 m²일까요?

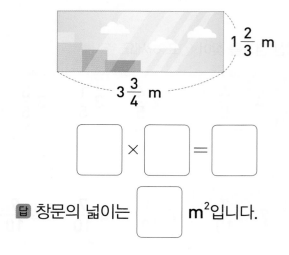

$1\frac{2}{3}$ m

$3\frac{3}{4}$ m

$\boxed{} \times \boxed{} = \boxed{}$

답 창문의 넓이는 $\boxed{}$ m²입니다.

• 2단원 테스트 후 맞힌 개수에 따라 아래와 같이 공부하세요.

맞힌 개수	0~28개	29~37개	38~42개
공부 방법	분수의 곱셈에 대한 이해가 부족해요. 07~14회를 다시 공부해요.	분수의 곱셈에 대해 이해는 하고 있으나 좀 더 연습이 필요해요.	계산 실수하지 않도록 틀린 문제를 확인해요.

3

합동과 대칭

동영상 강의

3. 합동과 대칭

16회

도형을
밀기, 뒤집기, 돌리기 하여
포개어 볼 수 있어요.

1 합동인 도형

◆ **합동**: 모양과 크기가 같아서 포개었을 때 완전히 겹치는 두 도형

대응점	대응변	대응각
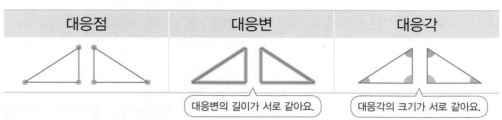	대응변의 길이가 서로 같아요.	대응각의 크기가 서로 같아요.

17회

선대칭도형은 모양에 따라
대칭축이 1개일 수도,
여러 개일 수도 있어요.

2 선대칭도형

◆ **선대칭도형**: 한 직선을 따라 접었을 때 완전히 겹치는 도형

대칭축

대칭축

대응점	대응변	대응각
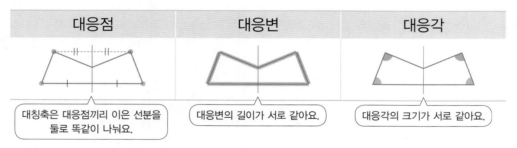		
대칭축은 대응점끼리 이은 선분을 둘로 똑같이 나눠요.	대응변의 길이가 서로 같아요.	대응각의 크기가 서로 같아요.

18회

점대칭도형에서
대칭의 중심은
1개뿐이에요.

3 점대칭도형

◆ **점대칭도형**: 어떤 점을 중심으로 180° 돌렸을 때 처음 도형과 완전히 겹치는 도형

대칭의 중심

대칭의 중심

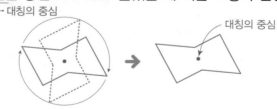

대응점	대응변	대응각
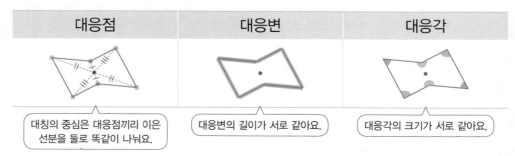		
대칭의 중심은 대응점끼리 이은 선분을 둘로 똑같이 나눠요.	대응변의 길이가 서로 같아요.	대응각의 크기가 서로 같아요.

16회 　개념 　도형의 합동

모양과 크기가 같아서 포개었을 때 완전히 겹치는 두 도형을 서로 합동이라고 합니다.

서로 합동인 두 도형을 포개었을 때

완전히 겹치는 점: 대응점
완전히 겹치는 변: 대응변
완전히 겹치는 각: 대응각

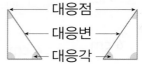

✦ 왼쪽 도형과 서로 합동인 도형을 찾아 기호를 쓰세요.

1

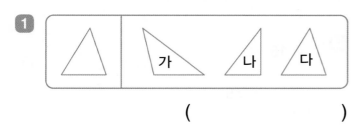

(　　　　　　　　)

2

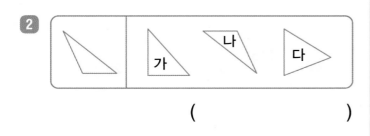

(　　　　　　　　)

3

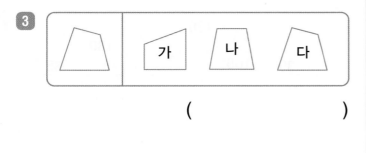

(　　　　　　　　)

4

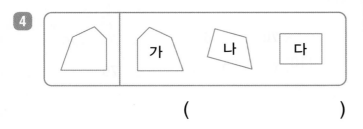

(　　　　　　　　)

✦ 두 도형은 서로 합동입니다. 대응점, 대응변, 대응각을 각각 찾아 쓰세요.

5

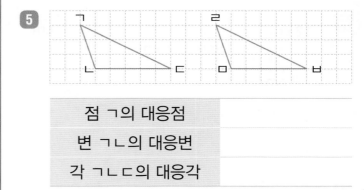

점 ㄱ의 대응점	
변 ㄱㄴ의 대응변	
각 ㄱㄴㄷ의 대응각	

6

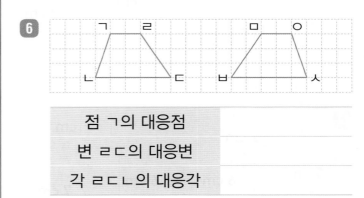

점 ㄱ의 대응점	
변 ㄹㄷ의 대응변	
각 ㄹㄷㄴ의 대응각	

7

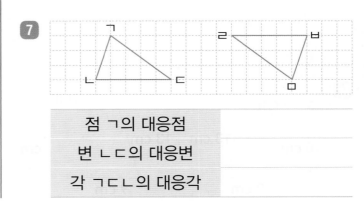

점 ㄱ의 대응점	
변 ㄴㄷ의 대응변	
각 ㄱㄷㄴ의 대응각	

3
단원

정답
10쪽

두 도형은 서로 합동입니다. ⬜ 안에 알맞은 수를 써 넣으세요. 대응변의 길이는 같아요.

8
6 cm 4 cm 7 cm

⬜ cm 4 cm ⬜ cm

9
12 cm 6 cm 9 cm

6 cm ⬜ cm ⬜ cm

10
7 cm 13 cm 14 cm

⬜ cm ⬜ cm 13 cm

11
2 cm 7 cm 6 cm 5 cm

⬜ cm 6 cm 7 cm ⬜ cm

12
6 cm 10 cm 13 cm 9 cm

⬜ cm 13 cm ⬜ cm 9 cm

두 도형은 서로 합동입니다. ⬜ 안에 알맞은 수를 써 넣으세요. 대응각의 크기는 같아요.

13
50° 60° 70°

⬜° ⬜° 60°

14
15° 45° 120°

⬜° 45° ⬜°

15
40° 115° 25°

⬜° 25° ⬜°

16
95° 130° 35° 100°

⬜° 130° 35° ⬜°

17
70° 55° 110° 125°

⬜° 125° 70° ⬜°

◆ 점선을 따라 잘랐을 때 만들어지는 두 도형이 서로 합동인 것을 찾아 기호를 쓰세요.

18 ㉠ ㉡ ㉢

( )

19 ㉠ ㉡ ㉢

( )

20 ㉠ ㉡ ㉢

( )

◆ 주어진 도형과 서로 합동인 도형을 그려 보세요.

21 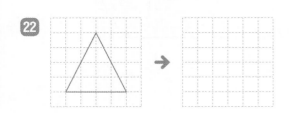 ➡

22 ➡

23 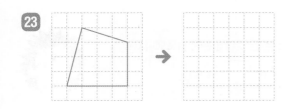 ➡

◆ 두 도형이 서로 합동일 때 오른쪽 도형의 둘레는 몇 cm인지 구하세요.

24
3 cm
5 cm
7 cm

( )

25
3 cm
11 cm
6 cm
5 cm

( )

26
8 cm
4 cm
4 cm
6 cm
12 cm

( )

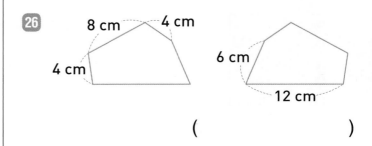

3단원
정답
10쪽

문장제 + 연산

27 두 삼각형 모양의 꽃밭은 서로 합동입니다. 오른쪽 꽃밭의 둘레가 23 m일 때 변 ㄹㅂ의 길이는 몇 m인지 구하세요.

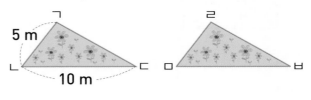

ㄱ
5 m
ㄴ
10 m
ㄷ
ㄹ
ㅁ
ㅂ

꽃밭의 둘레 변 ㄹㅁ의 길이 변 ㅁㅂ의 길이

☐ － ☐ － ☐ ＝ ☐

답 변 ㄹㅂ의 길이는 ☐ m입니다.

◆ 보기 와 같이 직사각형 모양의 색종이로 합동인 도형을 만들려고 합니다. 잘라야 하는 부분에 선을 그어 보세요.

보기

색종이로 서로 합동인 사각형 3개를 만들 거야.

30

색종이로 서로 합동인 삼각형 4개를 만들 거야.

28

색종이로 서로 합동인 삼각형 2개를 만들 거야.

31

색종이로 서로 합동인 사각형 2개를 만들 거야.

29

색종이로 서로 합동인 사각형 4개를 만들 거야.

32

색종이로 서로 합동인 삼각형 6개를 만들 거야.

실수한 것이 없는지 검토했나요?

예 ☐ , 아니요 ☐

17회 개념 선대칭도형

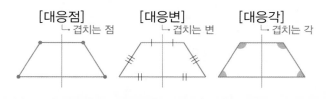

- 한 직선을 따라 접었을 때 완전히 겹치는 도형을 선대칭도형이라고 합니다.
- 대칭축을 따라 접었을 때

[대응점] [대응변] [대응각]
└ 겹치는 점 └ 겹치는 변 └ 겹치는 각

선대칭도형의 성질

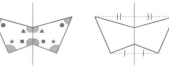   

| 대응변의 길이와 대응각의 크기가 각각 서로 같아요. | 대칭축은 대응점을 이은 선분을 둘로 똑같이 나눠요. | 대응점을 이은 선분은 대칭축과 수직으로 만나요. |

◆ 선대칭도형에 ○표 하고, 선대칭도형에 대칭축을 모두 그어 보세요.

1

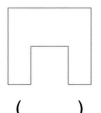   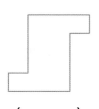

(   )   (   )

2

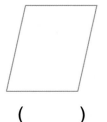   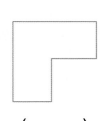

(   )   (   )

3

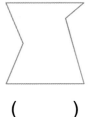   

(   )   (   )

4

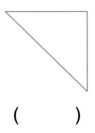   

(   )   (   )

◆ 직선 ㄱㄴ을 대칭축으로 하는 선대칭도형입니다. 대응점, 대응변, 대응각을 각각 찾아 쓰세요.

5

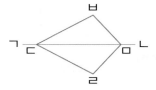

점 ㄹ의 대응점	
변 ㅂㅁ의 대응변	
각 ㄷㄹㅁ의 대응각	

6

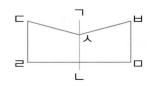

점 ㄹ의 대응점	
변 ㄷㅅ의 대응변	
각 ㅅㄷㄹ의 대응각	

7

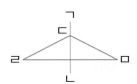

점 ㄹ의 대응점	
변 ㄷㄹ의 대응변	
각 ㄷㄹㅁ의 대응각	

◆ 직선 ㄱㄴ을 대칭축으로 하는 선대칭도형입니다. ☐ 안에 알맞은 수를 써넣으세요.

8
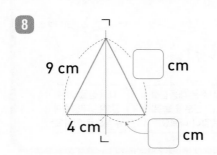

9
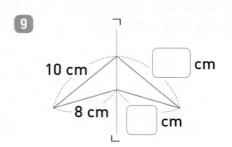

10
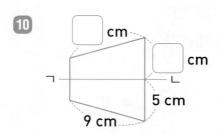

11
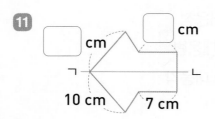

12
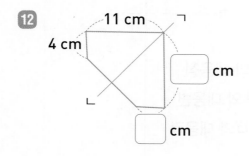

◆ 직선 ㄱㄴ을 대칭축으로 하는 선대칭도형입니다. ☐ 안에 알맞은 수를 써넣으세요.

13
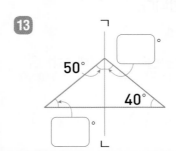

14
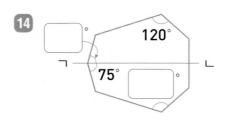

15
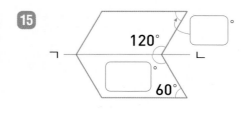

16
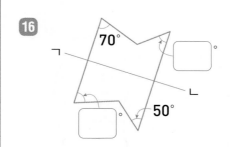

17
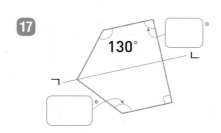

◆ 보기 와 같이 대응점을 찾아 표시하고, 선대칭도형을 완성하세요.

보기
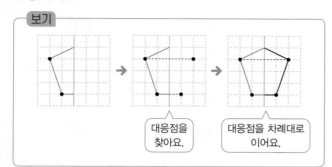

대응점을 찾아요.

대응점을 차례대로 이어요.

18
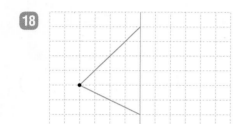

19
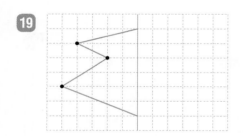

20
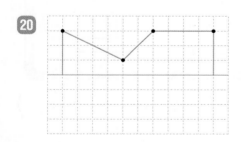

21
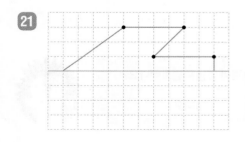

◆ 주어진 도형은 선대칭도형입니다. 대칭축은 모두 몇 개인지 구하세요.

> 선대칭도형에서 대칭축은 여러 개일 수 있어요.

22
 → (   )

23
 → (   )

24
 → (   )

25
 → (   )

문장제 + 연산

26 다은이는 색종이를 접은 다음 선을 따라 잘라서 선대칭도형을 만들었습니다. 다은이가 만든 도형의 둘레는 몇 cm인지 구하세요.

15 cm   9 cm →

선분 ㄱㄹ의 길이   선분 ㄹㄷ의 길이
(□ + □) × 2 = □

답 다은이가 만든 도형의 둘레는 □ cm 입니다.

3 단원

정답 11쪽

❖ 대칭축이 가장 많은 선대칭도형을 그린 사람을 찾아 이름을 쓰세요.

27
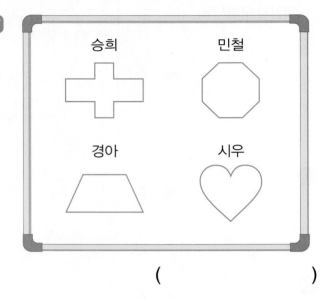

(   )

29
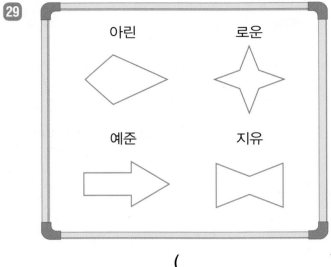

(   )

28
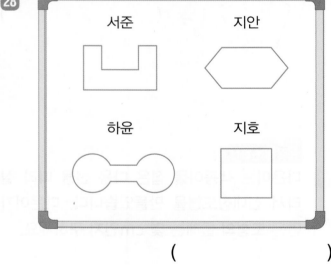

(   )

30
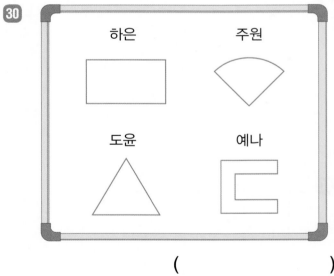

(   )

실수한 것이 없는지 검토했나요?

예 ▢ , 아니요 ▢

18회 개념 점대칭도형

- 한 도형을 어떤 점을 중심으로 180° 돌렸을 때 처음 도형과 완전히 겹치는 도형을 점대칭도형 이라고 합니다.
- 대칭의 중심을 기준으로 180° 돌렸을 때

[대응점]	[대응변]	[대응각]
└ 겹치는 점	└ 겹치는 변	└ 겹치는 각

점대칭도형의 성질

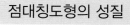

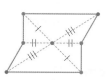

대응변의 길이와 대응각의 크기가 각각 서로 같아요.

대칭의 중심은 대응점을 이은 선분을 둘로 똑같이 나눠요.

◆ 점대칭도형에 ○표 하고, 점대칭도형에 대칭의 중심을 표시하세요.

1

(   )   (   )

2

(   )   (   )

3
   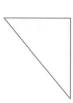
(   )   (   )

4
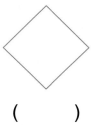
(   )   (   )

◆ 점 ㅇ을 대칭의 중심으로 하는 점대칭도형입니다. 대응점, 대응변, 대응각을 각각 찾아 쓰세요.

5
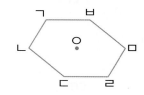

점 ㄱ의 대응점	
변 ㄴㄷ의 대응변	
각 ㄹㅁㅂ의 대응각	

6
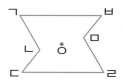

점 ㅁ의 대응점	
변 ㄷㄹ의 대응변	
각 ㄴㄷㄹ의 대응각	

7
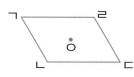

점 ㄱ의 대응점	
변 ㄴㄷ의 대응변	
각 ㄴㄷㄹ의 대응각	

3단원

정답 11쪽

점 ○을 대칭의 중심으로 하는 점대칭도형입니다. ☐ 안에 알맞은 수를 써넣으세요.

8
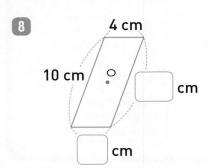

9
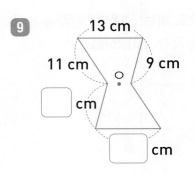

10
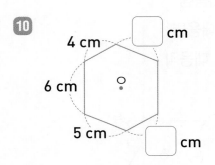

11
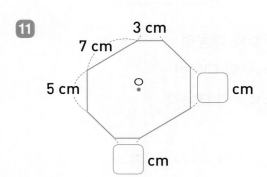

12
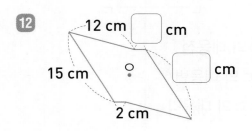

점 ○을 대칭의 중심으로 하는 점대칭도형입니다. ☐ 안에 알맞은 수를 써넣으세요.

13
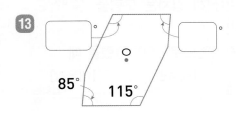

14
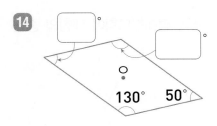

15
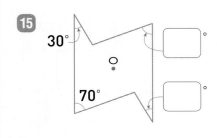

16
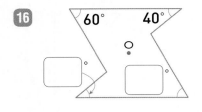

17
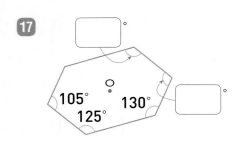

보기 와 같이 대응점을 찾아 표시하고, 점대칭도형을 완성하세요.

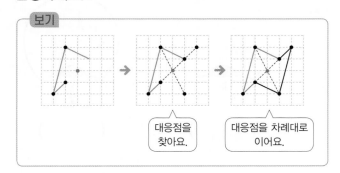

보기

대응점을 찾아요.

대응점을 차례대로 이어요.

18
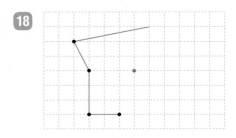

19
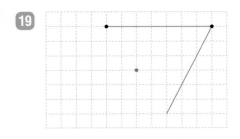

20
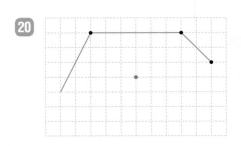

21
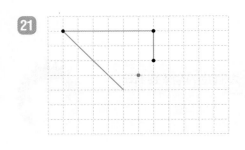

점대칭도형인 알파벳을 찾아 ○표 하세요.

22
E F G X

23
A C O W

24
J B D N

25
M H Y T

26
Z R V P

3
단원

정답
11쪽

문장제 + 연산

27 은서가 점대칭도형에 대해 잘못 설명하였습니다. 잘못 설명한 이유를 쓰세요.

내가 그린 점대칭도형은 대칭의 중심이 2개야.

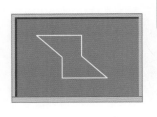

은서

답 점대칭도형은 모양이나 크기와 관계없이

항상 대칭의 중심이 ☐ 개입니다.

✦ 부채의 무늬가 점대칭도형인 것에 ◯표 하세요.

28

( )　　　　( )

31

( )　　　　( )

29

( )　　　　( )

32

( )　　　　( )

30

( )　　　　( )

33

( )　　　　( )

실수한 것이 없는지 검토했나요?

예 [ ] , 아니요 [ ]

19회 테스트 3. 합동과 대칭

◆ 두 도형은 서로 합동입니다. ☐ 안에 알맞은 수를 써 넣으세요.

◆ 두 도형은 서로 합동입니다. ☐ 안에 알맞은 수를 써 넣으세요.

1

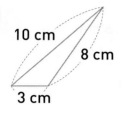
10 cm
8 cm
3 cm

10 cm
☐ cm
☐ cm

6

30°   60°

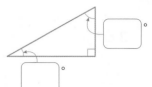
☐ °
☐ °

2

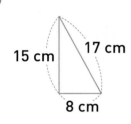
15 cm   17 cm
8 cm

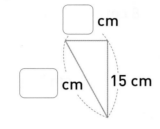
☐ cm
☐ cm   15 cm

7

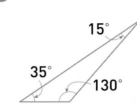
15°
35°   130°

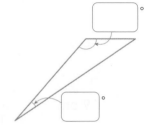
☐ °
☐ °

3

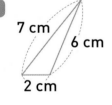
7 cm   6 cm
2 cm

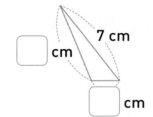
☐ cm   7 cm
☐ cm

8

80° 70°   30°

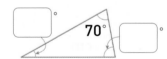
☐ °   70°   ☐ °

4

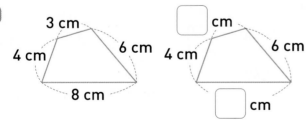
3 cm
4 cm   6 cm
8 cm

☐ cm
4 cm   6 cm
☐ cm

9

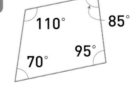
110°   85°
70°   95°

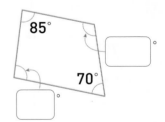
85°   ☐ °
☐ °   70°

5

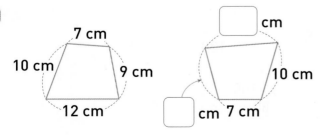
7 cm
10 cm   9 cm
12 cm

☐ cm
10 cm
☐ cm   7 cm

10

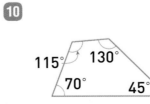
115°   130°
70°   45°

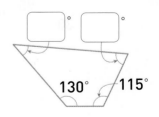
☐ °   ☐ °
130°   115°

3
단원

정답
12쪽

직선 ㄱㄴ을 대칭축으로 하는 선대칭도형입니다. ☐ 안에 알맞은 수를 써넣으세요.

11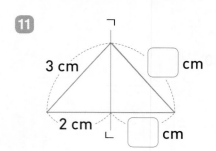
3 cm
☐ cm
2 cm
☐ cm

12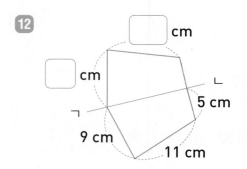
☐ cm
☐ cm
5 cm
9 cm
11 cm

13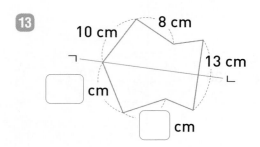
10 cm
8 cm
13 cm
☐ cm
☐ cm

14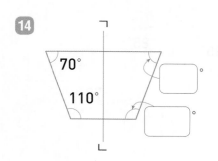
70°
110°
☐°
☐°

15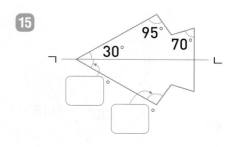
95°
30°
70°
☐°

점 ㅇ을 대칭의 중심으로 하는 점대칭도형입니다. ☐ 안에 알맞은 수를 써넣으세요.

16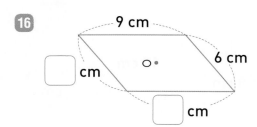
9 cm
6 cm
☐ cm
☐ cm

17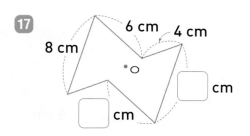
6 cm
4 cm
8 cm
☐ cm
☐ cm

18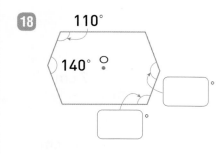
110°
140°
☐°
☐°

19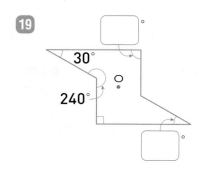
☐°
30°
240°
☐°

20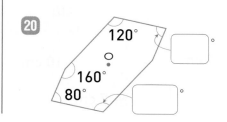
120°
160°
80°
☐°
☐°

◆ 주어진 도형과 서로 합동인 도형을 그려 보세요.

21

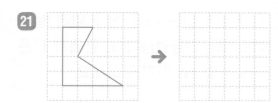

22

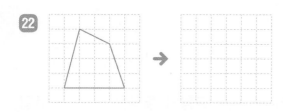

23

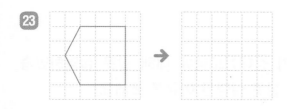

◆ 주어진 도형은 선대칭도형입니다. 대칭축은 모두 몇 개인지 구하세요.

24

 → ( )

25

 → ( )

26

 → ( )

◆ 점대칭도형인 글자를 찾아 ○표 하세요.

27

28

29

30

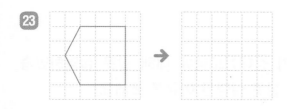

3
단원

정답
12쪽

◆ 두 도형이 서로 합동일 때 오른쪽 도형의 둘레는 몇 cm인지 구하세요.

31

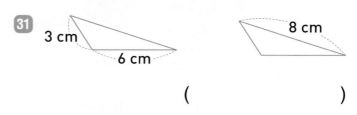

( )

32

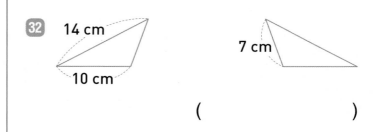

( )

33

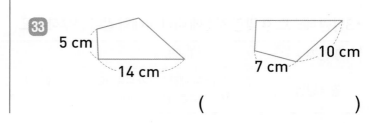

( )

3. 합동과 대칭 **085**

◆ 문제를 읽고 답을 구하세요.

34 소율이네 집의 욕실에서 깨진 타일을 새 타일로 바꾸어 붙이려고 합니다. 바꾸어 붙일 수 있는 타일을 찾아 기호를 쓰세요.

 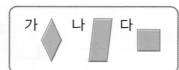

새 타일은 깨진 타일과 (합동 , 선대칭)이어야 합니다.

답 바꾸어 붙일 수 있는 타일은 ☐ 입니다.

35 두 삼각형 모양의 꽃밭은 서로 합동입니다. 오른쪽 꽃밭의 둘레가 30 m일 때 변 ㄹㅂ의 길이는 몇 m인지 구하세요.

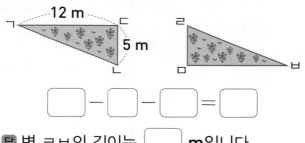

☐ − ☐ − ☐ = ☐

답 변 ㄹㅂ의 길이는 ☐ m입니다.

◆ 문제를 읽고 답을 구하세요.

36 종태는 색종이를 접은 다음 선을 따라 잘라서 선대칭도형을 만들었습니다. 종태가 만든 도형의 둘레는 몇 cm인지 구하세요.

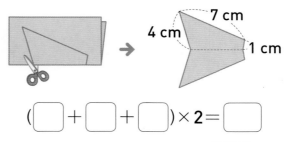

(☐ + ☐ + ☐) × 2 = ☐

답 종태가 만든 도형의 둘레는 ☐ cm입니다.

37 지후가 점대칭도형에 대해 잘못 설명하였습니다. 잘못 설명한 이유를 쓰세요.

이 점대칭도형에서 선분 ㅇㄷ의 길이는 3 cm야.

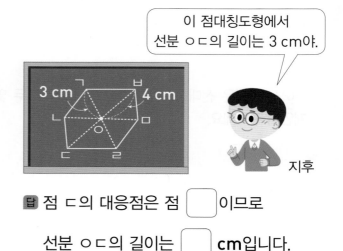

지후

답 점 ㄷ의 대응점은 점 ☐ 이므로

선분 ㅇㄷ의 길이는 ☐ cm입니다.

• 3단원 테스트 후 맞힌 개수에 따라 아래와 같이 공부하세요.

맞힌 개수	0~25개	26~32개	33~37개
공부 방법	합동과 대칭에 대한 이해가 부족해요. 16~18회를 다시 공부해요.	합동과 대칭에 대해 이해는 하고 있으나 좀 더 연습이 필요해요.	실수하지 않도록 집중하여 틀린 문제를 확인해요.

4 소수의 곱셈

4. 소수의 곱셈

20~25회

곱해지는 수가 ■배,
곱하는 수가 ▲배가 되면
계산 결과는
(■×▲)배가 됩니다.

1 (소수)×(소수)

방법1 분수의 곱셈으로 계산하기

$$2.14 \times 1.6 = \frac{214}{100} \times \frac{16}{10} = \frac{3424}{1000} = 3.424$$

방법2 자연수의 곱셈으로 계산하기

$$214 \times 16 = 3424$$

$$\frac{1}{100}배 \times \frac{1}{10}배 = \frac{1}{1000}배$$

$$2.14 \times 1.6 = 3.424$$

$$\begin{array}{r} 2\ 1\ 4 \\ \times \quad 1\ 6 \\ \hline 3\ 4\ 2\ 4 \end{array} \xrightarrow[\frac{1}{1000}배]{\frac{1}{100}배 \atop \frac{1}{10}배} \begin{array}{r} 2.1\ 4 \\ \times \quad 1.6 \\ \hline 3.4\ 2\ 4 \end{array}$$

26회

소수점을 이동할
자리가 없으면
빈 자리를 0으로
채우면서 이동해요.

2 곱의 소수점의 위치

◆ 소수에 10, 100, 1000을 곱하기
곱하는 수의 0의 수만큼 소수점을
오른쪽으로 옮깁니다.

$$5.84 \times 10 = 58.4$$
0이 1개   한 자리

$$5.84 \times 100 = 584$$
0이 2개   두 자리

$$5.84 \times 1000 = 5840$$
0이 3개   세 자리

◆ 자연수에 0.1, 0.01, 0.001을 곱하기
곱하는 수의 소수점 아래 자리 수만큼
소수점을 왼쪽으로 옮깁니다.

$$74 \times 0.1 = 7.4$$
소수 한 자리 수   한 자리

74는 74.과
같아요.

$$74 \times 0.01 = 0.74$$
소수 두 자리 수   두 자리

$$74 \times 0.001 = 0.074$$
소수 세 자리 수   세 자리

27회

3 소수끼리의 곱셈에서 곱의 소수점의 위치

곱하는 두 수의 소수점 아래 자리 수를 더한 것만큼 소수점을 왼쪽으로 옮깁니다.

$$24 \times 19 = 456$$

→
$$2.4 \times 1.9 = 4.56$$ → (소수 한 자리 수)×(소수 한 자리 수)=(소수 두 자리 수)

$$0.24 \times 1.9 = 0.456$$ → (소수 두 자리 수)×(소수 한 자리 수)=(소수 세 자리 수)

$$0.24 \times 0.19 = 0.0456$$ → (소수 두 자리 수)×(소수 두 자리 수)=(소수 네 자리 수)

20회 개념 (1보다 작은 소수) × (자연수)

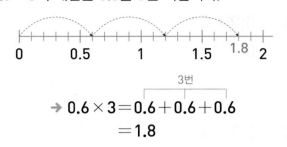

0.6×3의 계산은 0.6을 3번 더합니다.

3번

→ 0.6×3=0.6+0.6+0.6
= 1.8

0.14×3의 계산은 14×3을 계산하고, 0.14의 소수점 위치에 맞추어 소수점을 찍습니다.

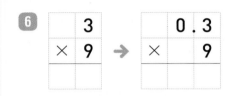

끝자리에 맞추어 두 수를 세로로 쓰고 계산해요.

14×3=42

0.14의 소수점을 내려 찍고, 빈 자리에 0 쓰기

✦ ☐ 안에 알맞은 수를 써넣으세요.

1 0.4×3

=0.4+☐+☐

=☐

2 0.7×4

=0.7+0.7+☐+☐

=☐

3 0.9×5

=0.9+0.9+0.9+☐+☐

=☐

4 0.12×4

=0.12+0.12+☐+☐

=☐

5 0.46×3

=0.46+☐+☐

=☐

✦ 계산을 하세요.

6

```
    3         0 . 3
×   9    →  ×     9
```

7

```
      6          0 . 6
×   1 7   →  ×   1 7
```

8

```
    1 8        0 . 1 8
×     4   →  ×       4
```

9

```
    3 9        0 . 3 9
×     8   →  ×       8
```

10

```
    5 2            0 . 5 2
×   1 3    →   ×    1 3
        ← 52×3
        ← 52×10
```

4 단원
정답 12쪽

❖ 곱셈을 하세요.

11 ①　　　0.2
　　　× 　2

②　　　0.2
　　　× 　9

12 ①　　　0.7
　　　× 　4

②　　　0.7
　　　× 1 2

13 ①　　　0.8
　　　× 　3

②　　　0.8
　　　× 　6

14 ①　　0.1 4
　　　× 　　7

②　　0.1 4
　　　× 　　8

15 ①　　0.2 8
　　　× 　　9

②　　0.2 8
　　　× 　1 4

16 ①　　0.3 6
　　　× 　2 2

②　　0.3 6
　　　× 　4 9

❖ 곱셈을 하세요.

17 ① 0.2 × 3
② 0.7 × 3

18 ① 0.3 × 4
② 0.8 × 4

19 ① 0.4 × 16
② 0.3 × 16

20 ① 0.7 × 23
② 0.9 × 23

21 ① 0.09 × 2
② 0.16 × 2

실수 방지 곱셈 결과에서 소수점 아래 마지막 0은 생략해야 해요.

22 ① 0.46 × 5
② 0.38 × 5

23 ① 0.33 × 7
② 0.45 × 7

24 ① 0.27 × 11
② 0.68 × 11

✦ 빈칸에 알맞은 수를 써넣으세요.

25
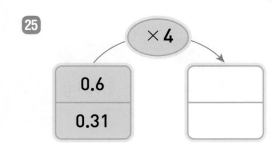

26
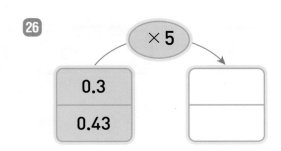

27
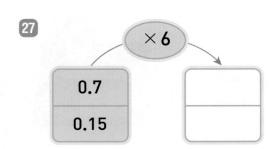

✦ 빈칸에 두 수의 곱을 써넣으세요.

28
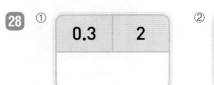

①
| 0.3 | 2 |
②
| 0.58 | 8 |

29
①
| 0.19 | 5 |
②
| 0.72 | 9 |

30
①
| 0.6 | 13 |
②
| 0.41 | 24 |

✦ 계산 결과가 더 큰 것의 기호를 쓰세요.

31
ㄱ 0.5 × 5   ㄴ 0.3 × 8

(   )

32
ㄱ 0.2 × 8   ㄴ 0.6 × 3

(   )

33
ㄱ 0.7 × 5   ㄴ 0.63 × 6

(   )

34
ㄱ 0.19 × 15   ㄴ 0.4 × 7

(   )

35
ㄱ 0.42 × 4   ㄴ 0.51 × 3

(   )

문장제 + 연산

36 은미가 우유를 매일 0.25 L씩 3일 동안 마셨습니다. 은미가 마신 우유는 모두 몇 L일까요?

하루에 마시는 우유의 양   마신 날수

[   ] × [   ] = [   ]

답 은미가 마신 우유는 모두 [   ] L입니다.

◆ 보기 와 같이 저울에 올린 빵의 무게를 구하세요.

0.4 kg   0.23 kg   0.4 kg   0.17 kg   0.26 kg   0.32 kg

보기

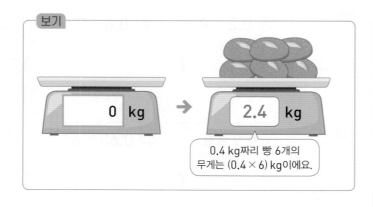

0.4 kg짜리 빵 6개의
무게는 (0.4 × 6) kg이에요.

39

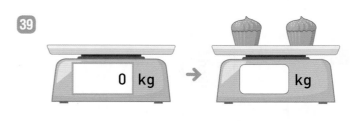

37

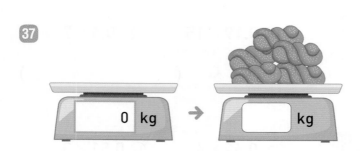

40

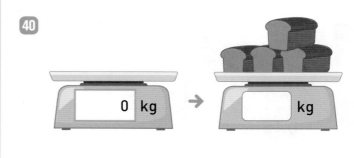

38

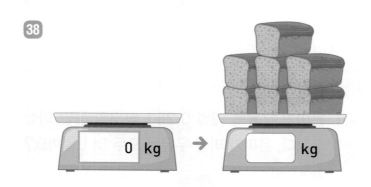

41

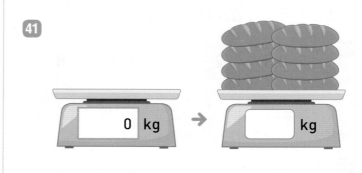

실수한 것이 없는지 검토했나요?

예 ☐ , 아니요 ☐

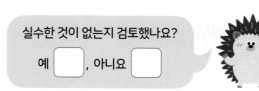

21회 개념 (1보다 큰 소수) × (자연수)

1.2 × 6의 계산에서 1.2는 소수 한 자리 수이므로 분모가 10인 분수로 바꾸어 계산합니다.

분수로 바꾸기

$$1.2 \times 6 = \frac{12}{10} \times 6 = \frac{72}{10} = 7.2$$

계산 결과는 소수로 나타내요.

2.3 × 14의 계산은 23 × 14를 계산하고, 2.3의 소수점 위치에 맞추어 소수점을 찍습니다.

	2	3
×	1	4

23 × 4 →

| | 9 | 2 |

23 × 10 →

| 2 | 3 | 0 | ← 생략할 수 있어요. |

| | | |
| 3 | 2 | 2 |

→

		2 .	3
	×	1	4
	3	2 .	2

✦ ☐ 안에 알맞은 수를 써넣으세요.

1 2.5 × 5

$$= \frac{\boxed{}}{10} \times 5 = \frac{\boxed{}}{10} = \boxed{}$$

2 5.2 × 11

$$= \frac{\boxed{}}{10} \times 11 = \frac{\boxed{}}{10} = \boxed{}$$

3 6.7 × 4

$$= \frac{\boxed{}}{10} \times 4 = \frac{\boxed{}}{10} = \boxed{}$$

소수 두 자리 수는 분모가 100인 분수로 바꾸어 계산해요.

4 1.31 × 7

$$= \frac{\boxed{}}{100} \times 7 = \frac{\boxed{}}{100} = \boxed{}$$

5 4.19 × 5

$$= \frac{\boxed{}}{100} \times 5 = \frac{\boxed{}}{100} = \boxed{}$$

✦ 계산을 하세요.

6

	1	3
×		8

→

	1 .	3
×		8

7

	3	1
×	2	3

→

	3 .	1
×	2	3

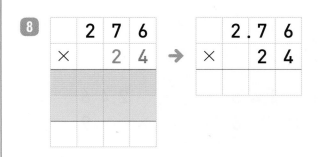

8

2	7	6
×		2	4

→

2 .	7	6
×		2	4

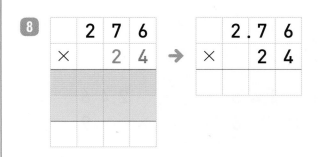

9

6	5	3
×		1	4

→

6 .	5	3
×		1	4

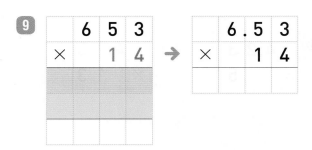

4

단원

정답 13쪽

✤ 곱셈을 하세요.

10 ①   1.2
        × 2

   ②   1.2
        × 7

실수 방지 27 × ■의 계산 결과를 쓰지 않도록 주의해요.

11 ①   2.7
        × 4

   ②   2.7
        × 5

---

12 ①   3.8
        × 8

   ②   3.8
        × 1 4

13 ①   1.3 1
        ×   2

   ②   1.3 1
        ×   5

14 ①   2.4 6
        ×   6

   ②   2.4 6
        ×   9

15 ①   4.2 3
        ×   5

   ②   4.2 3
        × 1 3

✤ 곱셈을 하세요.

16 ① 1.8×3
   ② 2.7×3

17 ① 3.6×4
   ② 7.2×4

18 ① 3.5×5
   ② 5.9×5

19 ① 1.6×17
   ② 4.4×17

20 ① 1.74×2
   ② 2.08×2

21 ① 3.83×6
   ② 6.22×6

22 ① 5.14×11
   ② 7.09×11

23 ① 1.13×21
   ② 4.45×21

✦ 계산 결과를 찾아 선으로 이으세요.

24

1.2×8	•	•	9.2
2.6×4	•	•	9.6
4.6×2	•	•	10.4

25

5.3×6	•	•	31.8
6.24×5	•	•	31.6
7.9×4	•	•	31.2

✦ 빈칸에 알맞은 수를 써넣으세요.

26
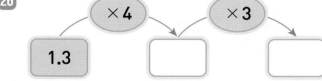

27
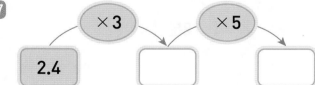

28
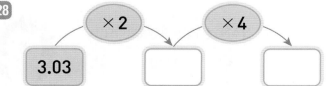

✦ 계산 결과를 비교하여 ○ 안에 >, =, <를 알맞게 써넣으세요.

29 1.5×7 ◯ 2.8×4

30 3.9×6 ◯ 6.5×3

31 8.6×2 ◯ 4.57×4

32 2.24×3 ◯ 1.31×5

33 3.95×6 ◯ 11.67×2

4 단원

정답 13쪽

문장제 + 연산

34 지후네 가족이 **4일 동안 먹은 귤은 모두 몇 kg**일까요?

우리 가족은 귤을 매일 1.4 kg씩 먹었어요.

지후

하루에 먹은 귤의 양   날수

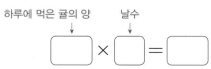

답 지후네 가족이 4일 동안 먹은 귤은 모두 ☐ kg입니다.

◆ 수도꼭지를 1분 동안 틀었을 때 나오는 물의 양을 나타낸 표입니다. 보기 와 같이 주어진 시간 동안 수도꼭지를 틀었을 때 나온 물의 양을 구하세요.

수도꼭지								
나오는 물의 양(L)	7.4	13.9	2.88	4.57	1.6	8.2	1.43	9.8

보기

8분

8분 동안 나온 물의 양은 (7.4 × 8) L예요.

(59.2) L

35  5분

( ) L

36  7분

( ) L

37  6분

( ) L

38 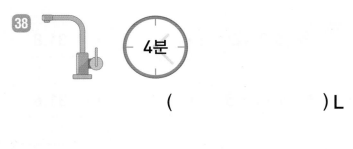 4분

( ) L

39  9분

( ) L

40  3분

( ) L

41  12분

( ) L

실수한 것이 없는지 검토했나요?

예 □ , 아니요 □

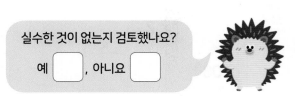

22회 개념 (자연수) × (1보다 작은 소수)

3 × 0.6의 계산은 자연수의 곱셈 3 × 6을 이용합니다.

$$3 \times \boxed{6} = \boxed{18}$$

곱하는 수가 $\frac{1}{10}$배가 되면

$\frac{1}{10}$배

$\frac{1}{10}$배

계산 결과도 $\frac{1}{10}$배가 돼요.

$$3 \times \boxed{0.6} = \boxed{1.8}$$

28 × 0.13의 계산은 28 × 13을 계산하고, 0.13의 소수점 위치에 맞추어 소수점을 찍습니다.

0.13의 소수점을 내려 찍기

◆ ☐ 안에 알맞은 수를 써넣으세요.

1 6 × 7 = ☐

$\frac{1}{10}$배

$\frac{1}{10}$배

6 × 0.7 = ☐

2 19 × 5 = ☐

$\frac{1}{10}$배

$\frac{1}{10}$배

19 × 0.5 = ☐

3 7 × 4 = ☐

$\frac{1}{100}$배

$\frac{1}{100}$배

7 × 0.04 = ☐

4 21 × 32 = ☐

$\frac{1}{100}$배

$\frac{1}{100}$배

21 × 0.32 = ☐

◆ 계산을 하세요.

5

	6
×	4

→

		6
×	0 .	4

6

	2	9
×		6

→

	2	9
×	0 .	6

7

		4
×		8

→

		4
×	0 . 0	8

8

	7
×	4 1

→

	7
×	0 . 4 1

9

	3	2
×	3	6

→

	3	2
×	0 . 3	6

4
단원

정답
13쪽

◆ 곱셈을 하세요.

10 ①
$$\begin{array}{r} 4 \\ \times\ 0.3 \\ \hline \end{array}$$
②
$$\begin{array}{r} 4 \\ \times\ 0.9 \\ \hline \end{array}$$

11 ①
$$\begin{array}{r} 8 \\ \times\ 0.4 \\ \hline \end{array}$$
②
$$\begin{array}{r} 8 \\ \times\ 0.9 \\ \hline \end{array}$$

12 ①
$$\begin{array}{r} 1\,6 \\ \times\ 0.5 \\ \hline \end{array}$$
②
$$\begin{array}{r} 1\,6 \\ \times\ 0.7 \\ \hline \end{array}$$

> **실수 방지** 자연수끼리 곱한 계산 결과에 소수점을 내려 찍고, 빈 자리는 0으로 채워야 해요.

13 ①
$$\begin{array}{r} 2 \\ \times\ 0.0\,3 \\ \hline \end{array}$$
②
$$\begin{array}{r} 2 \\ \times\ 0.0\,4 \\ \hline \end{array}$$

14 ①
$$\begin{array}{r} 9 \\ \times\ 0.1\,2 \\ \hline \end{array}$$
②
$$\begin{array}{r} 9 \\ \times\ 0.3\,4 \\ \hline \end{array}$$

15 ①
$$\begin{array}{r} 3\,4 \\ \times\ 0.2\,1 \\ \hline \end{array}$$
②
$$\begin{array}{r} 3\,4 \\ \times\ 0.5\,1 \\ \hline \end{array}$$

◆ 곱셈을 하세요.

16 ① 3×0.3
② 9×0.3

17 ① 5×0.7
② 9×0.7

18 ① 12×0.8
② 26×0.8

19 ① 14×0.9
② 37×0.9

20 ① 7×0.14
② 9×0.14

21 ① 4×0.25
② 18×0.25

22 ① 13×0.32
② 51×0.32

23 ① 6×0.62
② 25×0.62

◆ 빈칸에 알맞은 수를 써넣으세요.

24 ⊗ →

7	0.7	
5	0.9	

25 ⊗ →

4	0.8	
13	0.2	

26 ⊗ →

9	0.26	
52	0.03	

◆ 빈칸에 두 수의 곱을 써넣으세요.

27 ①

6	
0.8	

②

7	
0.21	

28 ①

19	
0.3	

②

25	
0.36	

29 ①

8	
0.22	

②

38	
0.6	

◆ 계산 결과가 다른 하나를 찾아 색칠하세요.

30

4 × 0.6	6 × 0.3	8 × 0.3

31

7 × 0.3	9 × 0.4	6 × 0.6

32

6 × 0.08	12 × 0.04	8 × 0.11

33

16 × 0.4	8 × 0.8	2 × 0.32

34

8 × 0.42	24 × 0.15	18 × 0.2

4 단원

정답 13쪽

문장제 + 연산

35 일정한 빠르기로 1시간 동안 65 km 를 달리는 자동차가 있습니다. 이 자동차로 0.7시간 동안 달린 거리는 몇 km일까요?

1시간 동안 달리는 거리 → [ ]   달린 시간 → [ ]

[ ] × [ ] = [ ]

답 0.7시간 동안 달린 거리는 [ ] km입니다.

✦ 보기 와 같이 친구들의 몸무게를 구하세요.

보기

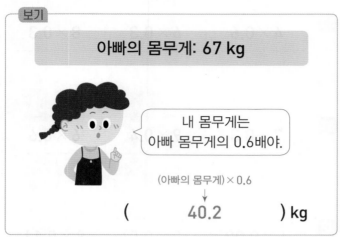

아빠의 몸무게: 67 kg

내 몸무게는
아빠 몸무게의 0.6배야.

(아빠의 몸무게)×0.6
↓
(**40.2**) kg

③⑧ 엄마의 몸무게: 54 kg

내 몸무게는
엄마 몸무게의 0.75배야.

( ) kg

③⑥ 아빠의 몸무게: 59 kg

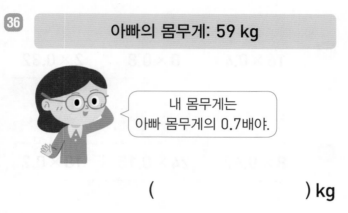

내 몸무게는
아빠 몸무게의 0.7배야.

( ) kg

③⑨ 엄마의 몸무게: 49 kg

내 몸무게는
엄마 몸무게의 0.94배야.

( ) kg

③⑦ 아빠의 몸무게: 71 kg

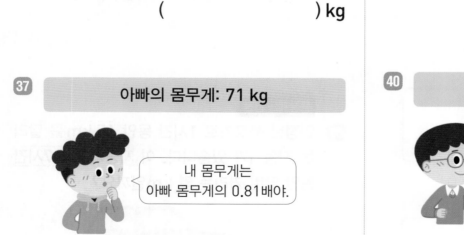

내 몸무게는
아빠 몸무게의 0.81배야.

( ) kg

④⓪ 엄마의 몸무게: 65 kg

내 몸무게는
엄마 몸무게의 0.85배야.

( ) kg

실수한 것이 없는지 검토했나요?

예 ☐ , 아니요 ☐

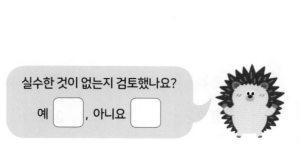

23회 개념 (자연수)×(1보다 큰 소수)

4×1.7의 계산에서 1.7은 소수 한 자리 수이므로 분모가 10인 분수로 바꾸어 계산합니다.

분수로 바꾸기

$$4 \times 1.7 = 4 \times \frac{17}{10} = \frac{68}{10} = 6.8$$

계산 결과는 소수로 나타내요.

7×8.92의 계산은 7×892를 계산하고, 8.92의 소수점 위치에 맞추어 소수점을 찍습니다.

			7
×	8	9	2
6	2	4	4

→

			7
×	8 .	9	2
6	2 .	4	4

7×892=892×7=6244

8.92의 소수점을 내려 찍기

✚ ☐ 안에 알맞은 수를 써넣으세요.

1 3×1.6

$$= 3 \times \frac{\boxed{}}{10} = \frac{\boxed{}}{10} = \boxed{}$$

2 4×4.2

$$= 4 \times \frac{\boxed{}}{10} = \frac{\boxed{}}{10} = \boxed{}$$

3 12×6.9

$$= 12 \times \frac{\boxed{}}{10} = \frac{\boxed{}}{10} = \boxed{}$$

소수 두 자리 수는 분모가 100인 분수로 바꾸어 계산해요.

4 5×1.85

$$= 5 \times \frac{\boxed{}}{100} = \frac{\boxed{}}{100} = \boxed{}$$

5 8×3.17

$$= 8 \times \frac{\boxed{}}{100} = \frac{\boxed{}}{100} = \boxed{}$$

✚ 계산을 하세요.

6

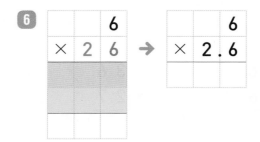

7

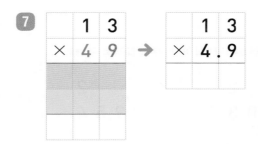

8

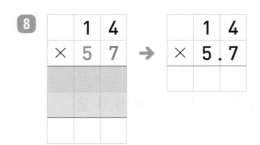

9

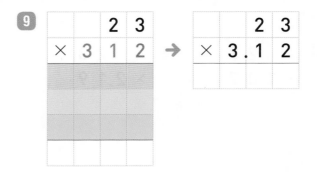

◆ 곱셈을 하세요.

10 ①　　 3　　　　② 　　　3
　　　× 2.3　　　　　　× 4.5

11 ①　 1 7　　　　② 　 1 7
　　　× 1.4　　　　　　× 3.8

12 ①　 3 6　　　　② 　 3 6
　　　× 1.6　　　　　　× 2.7

실수 방지　소수점 아래 끝자리가 아닌 0은 생략할 수 없으므로 주의해요.

13 ①　　 2　　　　② 　　　2
　　　× 1.0 3　　　　　× 9.5 4

14 ①　　 9　　　　② 　　　9
　　　× 4.1 6　　　　　× 5.3 2

15 ①　 2 3　　　　② 　 2 3
　　　× 1.0 7　　　　　× 2.1 9

◆ 곱셈을 하세요.

16 ① 6 × 1.2
　　　② 7 × 1.2

17 ① 3 × 2.5
　　　② 8 × 2.5

18 ① 11 × 4.6
　　　② 29 × 4.6

19 ① 4 × 7.4
　　　② 16 × 7.4

20 ① 2 × 1.13
　　　② 5 × 1.13

21 ① 9 × 2.61
　　　② 35 × 2.61

22 ① 12 × 3.04
　　　② 23 × 3.04

23 ① 15 × 5.97
　　　② 31 × 5.97

◆ 빈칸에 알맞은 수를 써넣으세요.

24
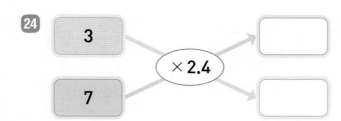

25
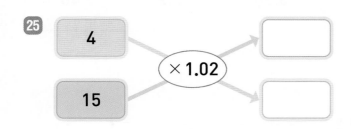

26
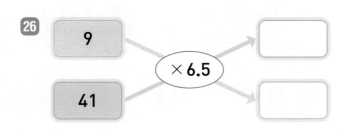

◆ ☐ 안에 알맞은 수를 써넣으세요.

27

28

29

30
30 → ×2.07 → ☐

◆ 계산 결과가 더 작은 것의 기호를 쓰세요.

31
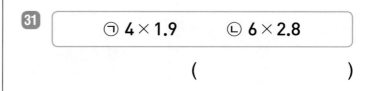

(　　　　　)

32
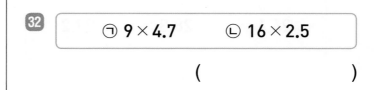

(　　　　　)

33
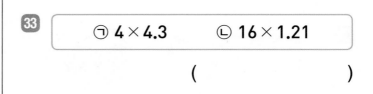

(　　　　　)

34
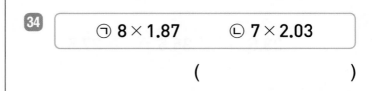

(　　　　　)

4
단원
정답
14쪽

　문장제 + 연산

35 진아는 가로가 8 cm, 세로가 3.2 cm 인 직사각형을 그렸습니다. 진아가 그린 직사각형의 넓이는 몇 cm²일까요?

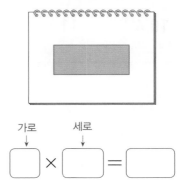

가로 　　세로
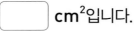

답 진아가 그린 직사각형의 넓이는

☐ cm²입니다.

선영이가 퍼즐을 맞추고 있습니다. 퍼즐 판에 적힌 식의 값을 찾아 알맞은 퍼즐 조각에 ○표 하세요.

36

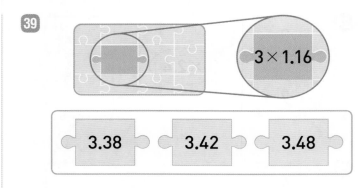

8×3.6

| 24.6 | 28.8 | 29.2 |

37

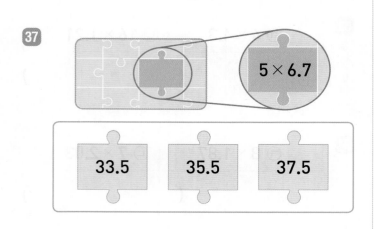

5×6.7

| 33.5 | 35.5 | 37.5 |

38

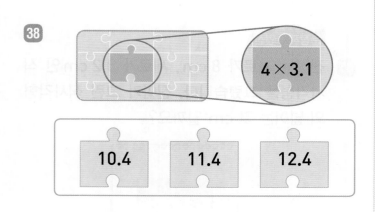

4×3.1

| 10.4 | 11.4 | 12.4 |

39

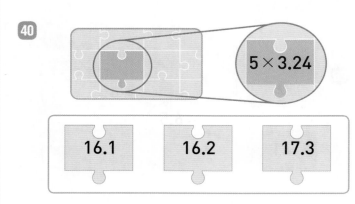

3×1.16

| 3.38 | 3.42 | 3.48 |

40

5×3.24

| 16.1 | 16.2 | 17.3 |

41

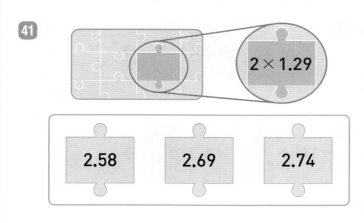

2×1.29

| 2.58 | 2.69 | 2.74 |

실수한 것이 없는지 검토했나요?

예 ⬜ , 아니요 ⬜

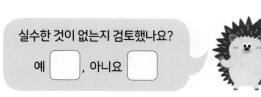

24회 개념 (1보다 작은 소수) × (1보다 작은 소수)

0.7 × 0.8의 계산에서 0.7은 $\frac{7}{10}$로, 0.8은 $\frac{8}{10}$로 바꾸어 계산합니다.

$$0.7 \times 0.8 = \frac{7}{10} \times \frac{8}{10}$$

> 소수 한 자리 수는 분모가 10인 분수로 나타내요.

$$= \frac{7 \times 8}{10 \times 10} = \frac{56}{100} = 0.56$$

곱해지는 수가 ■배, 곱하는 수가 ▲배가 되면 계산 결과는 (■×▲)배가 됩니다.

$$23 \times 6 = 138$$

$\frac{1}{100}$배 $\frac{1}{10}$배 $\frac{1}{1000}$배

$$0.23 \times 0.6 = 0.138$$

✦ ☐ 안에 알맞은 수를 써넣으세요.

1   0.4 × 0.7

$$= \frac{\boxed{}}{10} \times \frac{\boxed{}}{10} = \frac{\boxed{}}{100} = \boxed{}$$

2   0.6 × 0.09

$$= \frac{\boxed{}}{10} \times \frac{\boxed{}}{100} = \frac{\boxed{}}{1000} = \boxed{}$$

3   0.9 × 0.54

$$= \frac{\boxed{}}{10} \times \frac{\boxed{}}{100} = \frac{\boxed{}}{1000} = \boxed{}$$

4   0.05 × 0.5

$$= \frac{\boxed{}}{100} \times \frac{\boxed{}}{10} = \frac{\boxed{}}{1000} = \boxed{}$$

5   0.18 × 0.11

$$= \frac{\boxed{}}{100} \times \frac{\boxed{}}{100} = \frac{\boxed{}}{10000} = \boxed{}$$

✦ 계산을 하세요.

6 $3 \times 8 = \boxed{}$

$\frac{1}{10}$배 $\frac{1}{10}$배 $\boxed{}$배

$$0.3 \times 0.8 = \boxed{}$$

7 $9 \times 14 = \boxed{}$

$\frac{1}{10}$배 $\frac{1}{100}$배 $\boxed{}$배

$$0.9 \times 0.14 = \boxed{}$$

8 $16 \times 4 = \boxed{}$

$\frac{1}{100}$배 $\frac{1}{10}$배 $\boxed{}$배

$$0.16 \times 0.4 = \boxed{}$$

9 $48 \times 7 = \boxed{}$

$\frac{1}{100}$배 $\frac{1}{10}$배 $\boxed{}$배

$$0.48 \times 0.7 = \boxed{}$$

◆ □ 안에 알맞은 수를 써넣으세요.

10 ① $2 \times 7 = \boxed{}$, $0.2 \times 0.7 = \boxed{}$

② $2 \times 8 = \boxed{}$, $0.2 \times 0.8 = \boxed{}$

실수 방지 0.6의 소수점 위치에 맞추어 소수점을 찍지 않도록 주의해요.

11 ① $6 \times 4 = \boxed{}$, $0.6 \times 0.4 = \boxed{}$

② $6 \times 9 = \boxed{}$, $0.6 \times 0.9 = \boxed{}$

12 ① $5 \times 11 = \boxed{}$, $0.5 \times 0.11 = \boxed{}$

② $5 \times 17 = \boxed{}$, $0.5 \times 0.17 = \boxed{}$

13 ① $14 \times 3 = \boxed{}$, $0.14 \times 0.3 = \boxed{}$

② $14 \times 6 = \boxed{}$, $0.14 \times 0.6 = \boxed{}$

14 ① $28 \times 2 = \boxed{}$, $0.28 \times 0.2 = \boxed{}$

② $28 \times 9 = \boxed{}$, $0.28 \times 0.9 = \boxed{}$

15 ① $33 \times 5 = \boxed{}$, $0.33 \times 0.5 = \boxed{}$

② $33 \times 8 = \boxed{}$, $0.33 \times 0.8 = \boxed{}$

16 ① $56 \times 4 = \boxed{}$, $0.56 \times 0.4 = \boxed{}$

② $56 \times 7 = \boxed{}$, $0.56 \times 0.7 = \boxed{}$

◆ 곱셈을 하세요.

17 ① 0.3×0.3

② 0.4×0.3

18 ① 0.2×0.4

② 0.8×0.4

19 ① 0.16×0.7

② 0.42×0.7

20 ① 0.58×0.9

② 0.61×0.9

21 ① 0.6×0.12

② 0.7×0.12

22 ① 0.3×0.27

② 0.8×0.27

23 ① 0.5×0.31

② 0.6×0.31

24 ① 0.17×0.48

② 0.43×0.48

✦ 빈칸에 알맞은 수를 써넣으세요.

25

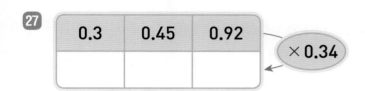

0.4	0.7	0.8

× 0.2

26

0.17	0.29	0.58

× 0.8

27

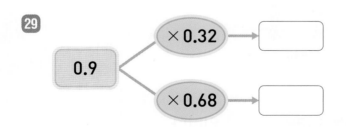

0.3	0.45	0.92

× 0.34

✦ ☐ 안에 알맞은 수를 써넣으세요.

28

0.3 ── × 0.3 → ☐
     └─ × 0.5 → ☐

29

0.9 ── × 0.32 → ☐
     └─ × 0.68 → ☐

30

0.37 ── × 0.4 → ☐
     └─ × 0.16 → ☐

✦ ㉠과 ㉡의 곱을 구하세요.

31

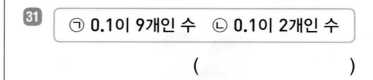

㉠ 0.1이 9개인 수   ㉡ 0.1이 2개인 수

(   )

32

㉠ 0.1이 6개인 수   ㉡ 0.1이 7개인 수

(   )

33

㉠ 0.01이 75개인 수   ㉡ 0.1이 3개인 수

(   )

34

㉠ 0.1이 8개인 수   ㉡ 0.01이 37개인 수

(   )

4 단원

정답 15쪽

문장제 + 연산

35 양파 과자 한 봉지는 ⎡0.7 kg⎤입니다. 그중 ⎡0.86만큼⎤이 탄수화물 성분일 때 탄수화물 성분은 몇 kg일까요?

과자 한 봉지의 양   탄수화물 성분
↓   ↓

☐ × ☐ = ☐

답 탄수화물 성분은 ☐ kg입니다.

❖ 계산을 하여 ☐ 안에 알맞은 수를 써넣고, 계산 결과가 적힌 길을 따라 이동하여 소율이네 가족이 여행가는 나라를 알아보세요.

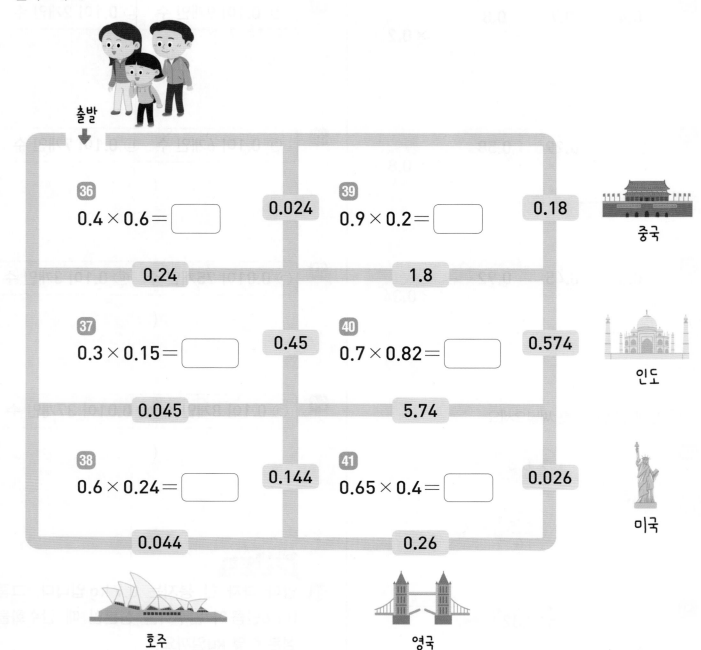

출발

36 $0.4 \times 0.6 =$ ☐   0.024   **39** $0.9 \times 0.2 =$ ☐   0.18

중국

0.24   1.8

37 $0.3 \times 0.15 =$ ☐   0.45   **40** $0.7 \times 0.82 =$ ☐   0.574

인도

0.045   5.74

38 $0.6 \times 0.24 =$ ☐   0.144   **41** $0.65 \times 0.4 =$ ☐   0.026

미국

0.044   0.26

호주   영국

💎 소율이네 가족이 여행가는 나라는 ☐ 입니다.

25회 개념 (1보다 큰 소수) × (1보다 큰 소수)

1.7 × 1.2의 계산은 1.7을 $\frac{17}{10}$로, 1.2를 $\frac{12}{10}$로 바꾸어 분수의 곱셈으로 계산할 수 있습니다.

$$1.7 \times 1.2 = \frac{17}{10} \times \frac{12}{10}$$
$$= \frac{17 \times 12}{10 \times 10} = \frac{204}{100} = 2.04$$

곱해지는 수가 ■배, 곱하는 수가 ▲배가 되면 계산 결과는 (■×▲)배가 됩니다.

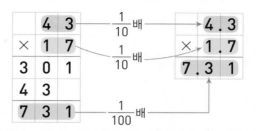

❖ ☐ 안에 알맞은 수를 써넣으세요.

1 1.3 × 1.9

$$= \frac{\boxed{}}{10} \times \frac{\boxed{}}{10} = \frac{\boxed{}}{100} = \boxed{}$$

2 1.8 × 3.4

$$= \frac{\boxed{}}{10} \times \frac{\boxed{}}{10} = \frac{\boxed{}}{100} = \boxed{}$$

3 2.6 × 2.03

$$= \frac{\boxed{}}{10} \times \frac{\boxed{}}{100} = \frac{\boxed{}}{1000} = \boxed{}$$

4 3.7 × 2.65

$$= \frac{\boxed{}}{10} \times \frac{\boxed{}}{100} = \frac{\boxed{}}{1000} = \boxed{}$$

5 4.94 × 1.8

$$= \frac{\boxed{}}{100} \times \frac{\boxed{}}{10} = \frac{\boxed{}}{1000} = \boxed{}$$

❖ 계산을 하세요.

6
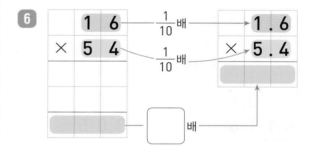

7
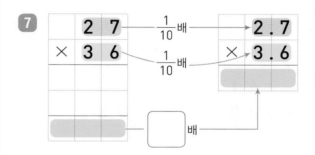

8
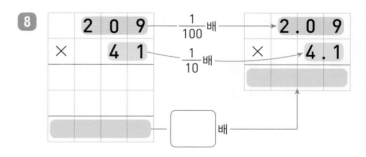

9
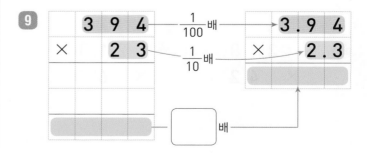

4 단원

정답 15쪽

✦ 곱셈을 하세요.

10
① 1.3 × 1.7
② 1.3 × 4.2

11
① 2.7 × 2.5
② 2.7 × 3.1

12
① 3.4 × 1.1 6
② 3.4 × 3.0 5

13
① 4.1 × 5.2 8
② 4.1 × 9.3 2

14
① 1.9 8 × 2.4
② 1.9 8 × 5.7

15
① 2.1 8 × 4.2
② 2.1 8 × 6.7

✦ 곱셈을 하세요.

16
① 1.8×1.6
② 3.6×1.6

17
① 3.2×2.8
② 4.1×2.8

실수 방지 소수끼리 곱해도 계산 결과로 자연수가 나올 수도 있어요.

18
① 2.5×3.2
② 3.75×3.2

19
① 1.3×1.15
② 4.5×1.15

20
① 1.4×2.17
② 5.2×2.17

21
① 1.01×2.4
② 5.49×2.4

22
① 2.91×3.6
② 3.25×3.6

23
① 4.54×4.7
② 6.02×4.7

◆ 빈칸에 알맞은 수를 써넣으세요.

② **24**
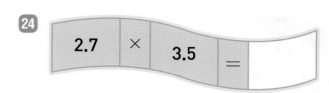
2.7 × 3.5 =

② **25**
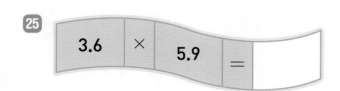
3.6 × 5.9 =

② **26**
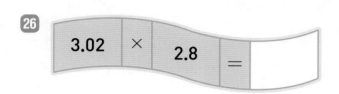
3.02 × 2.8 =

◆ ▭ 안에 두 수의 곱을 써넣으세요.

27
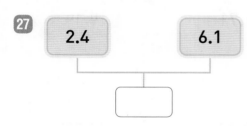
2.4   6.1

28
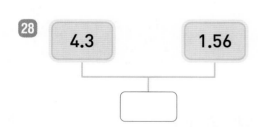
4.3   1.56

29
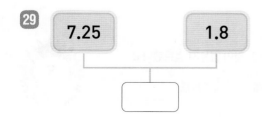
7.25   1.8

◆ 가장 큰 수와 가장 작은 수의 곱을 구하세요.

30
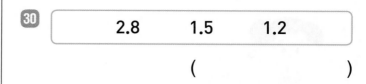
2.8   1.5   1.2

(   )

31
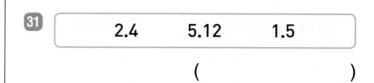
2.4   5.12   1.5

(   )

32
2.34   6.3   5.4

(   )

33
2.65   4.73   8.4

(   )

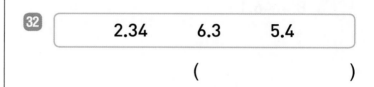

문장제 + 연산

34 연희 어머니께서 식혜를 3.5 L 만드셨고, 수정과는 식혜의 1.5배만큼 만드셨습니다. 만든 수정과는 몇 L일까요?

식혜의 양   몇 배
↓   ↓
▭ × ▭ = ▭

답 만든 수정과는 ▭ L입니다.

4
단원

정답
15쪽

◆ 문제를 맞히면 20점을 얻습니다. ☐ 안에 알맞은 수를 써넣고, 은서와 지후가 각각 얻은 점수를 알아보세요.

은서

? 문제　**! 은서가 적은 답**

35　2.1 × 6.7 = ☐ 　　14.07

36　8.4 × 6.15 = ☐ 　　51.66

37　1.24 × 3.6 = ☐ 　　44.64

38　4.9 × 5.9 = ☐ 　　2.891

39　5.01 × 6.8 = ☐ 　　34.068

지후

? 문제　**! 지후가 적은 답**

40　1.7 × 2.3 = ☐ 　　3.91

41　5.2 × 3.8 = ☐ 　　19.76

42　3.95 × 4.2 = ☐ 　　1.659

43　2.4 × 1.71 = ☐ 　　4.14

44　4.2 × 3.22 = ☐ 　　13.524

◆ 은서는 ☐ 점, 지후는 ☐ 점을 얻었습니다.

실수한 것이 없는지 검토했나요?

예 ☐ , 아니요 ☐

26회 [개념] 곱의 소수점의 위치

소수에 10, 100, 1000을 곱하면 곱의 소수점이 **오른쪽으로 한 자리씩** 옮겨집니다.

$$0.29 \times 10 = 0.2.9$$
0이 1개

$$0.29 \times 100 = 0.29$$
0이 2개

$$0.29 \times 1000 = 0.290$$
0이 3개

자연수에 0.1, 0.01, 0.001을 곱하면 곱의 소수점이 **왼쪽으로 한 자리씩** 옮겨집니다.

$$472 \times 0.1 = 47.2$$
소수 **한** 자리 수

$$472 \times 0.01 = 4.72$$
소수 **두** 자리 수

$$472 \times 0.001 = 0.472$$
소수 **세** 자리 수

◆ 보기 와 같이 소수점의 위치를 생각하여 알맞게 표시하세요.

> **보기**
> $7.08 \times 10 \rightarrow 7.0.8$
> $7.08 \times 100 \rightarrow 7.0 8$
> $7.08 \times 1000 \rightarrow 7.0 8 0$

1
$3.1 \times 10 \rightarrow 3.1$
$3.1 \times 100 \rightarrow 3.1$
$3.1 \times 1000 \rightarrow 3.1$

2
$5.27 \times 10 \rightarrow 5.2 7$
$5.27 \times 100 \rightarrow 5.2 7$
$5.27 \times 1000 \rightarrow 5.2 7$

3
$14.81 \times 10 \rightarrow 1 4.8 1$
$14.81 \times 100 \rightarrow 1 4.8 1$
$14.81 \times 1000 \rightarrow 1 4.8 1$

4
$57.4 \times 10 \rightarrow 5 7.4$
$57.4 \times 100 \rightarrow 5 7.4$
$57.4 \times 1000 \rightarrow 5 7.4$

◆ 보기 와 같이 소수점의 위치를 생각하여 알맞게 표시하세요.

> **보기**
> $93 \times 0.1 \rightarrow 9.3$
> $93 \times 0.01 \rightarrow 0.9 3$
> $93 \times 0.001 \rightarrow 0.0 9 3$

5
$9 \times 0.1 \rightarrow 9$
$9 \times 0.01 \rightarrow 9$
$9 \times 0.001 \rightarrow 9$

6
$23 \times 0.1 \rightarrow 2 3$
$23 \times 0.01 \rightarrow 2 3$
$23 \times 0.001 \rightarrow 2 3$

7
$348 \times 0.1 \rightarrow 3 4 8$
$348 \times 0.01 \rightarrow 3 4 8$
$348 \times 0.001 \rightarrow 3 4 8$

8
$605 \times 0.1 \rightarrow 6 0 5$
$605 \times 0.01 \rightarrow 6 0 5$
$605 \times 0.001 \rightarrow 6 0 5$

4
단원
정답
15쪽

✦ 소수점의 위치를 생각하여 계산을 하세요.

9 ① 2.3×10
② 2.3×100
③ 2.3×1000

실수 방지 소수점을 옮길 자리가 없으면 끝자리에 0을 채워 쓰면서 옮겨요.

10 ① 5.8×10
② 5.8×100
③ 5.8×1000

11 ① 0.94×10
② 0.94×100
③ 0.94×1000

12 ① 1.12×10
② 1.12×100
③ 1.12×1000

13 ① 8.07×10
② 8.07×100
③ 8.07×1000

14 ① 78.62×10
② 78.62×100
③ 78.62×1000

15 ① 2.613×10
② 2.613×100
③ 2.613×1000

✦ 소수점의 위치를 생각하여 계산을 하세요.

16 ① 6×0.1
② 6×0.01
③ 6×0.001

17 ① 31×0.1
② 31×0.01
③ 31×0.001

18 ① 46×0.1
② 46×0.01
③ 46×0.001

19 ① 183×0.1
② 183×0.01
③ 183×0.001

20 ① 245×0.1
② 245×0.01
③ 245×0.001

21 ① 1790×0.1
② 1790×0.01
③ 1790×0.001

22 ① 3517×0.1
② 3517×0.01
③ 3517×0.001

◆ ☐ 안에 알맞은 수를 써넣으세요.

23
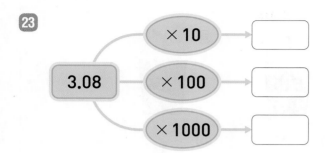

3.08
× 10 → ☐
× 100 → ☐
× 1000 → ☐

24
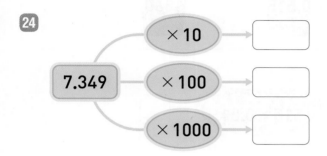

7.349
× 10 → ☐
× 100 → ☐
× 1000 → ☐

25
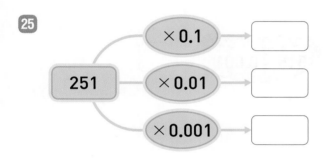

251
× 0.1 → ☐
× 0.01 → ☐
× 0.001 → ☐

26
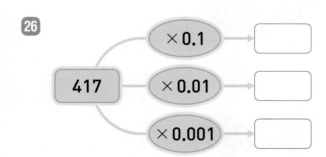

417
× 0.1 → ☐
× 0.01 → ☐
× 0.001 → ☐

27
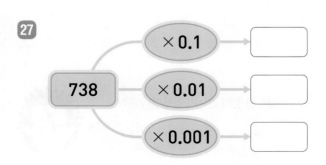

738
× 0.1 → ☐
× 0.01 → ☐
× 0.001 → ☐

◆ ☐ 안에 알맞은 수를 써넣으세요.

28 $4 \times \boxed{} = 0.004$ 〈 4에서 소수점이 왼쪽으로 3칸 이동했어요.

29 $168 \times \boxed{} = 1.68$

30 $3702 \times \boxed{} = 370.2$

31 $1.38 \times \boxed{} = 13.8$ 〈 1.38에서 소수점이 오른쪽으로 1칸 이동했어요.

32 $7.14 \times \boxed{} = 7140$

33 $18.12 \times \boxed{} = 1812$

문장제 + 연산

34 생수 1 L의 가격은 [1360원]입니다. 생수 0.01 L의 가격은 얼마일까요?

생수 1 L의 가격   물의 양
↓   ↓
$\boxed{} \times \boxed{} = \boxed{}$

답 생수 0.01 L의 가격은 ☐ 원입니다.

◆ 계산 결과를 보기 에서 찾아 ☐ 안에 알맞은 기호를 써넣으세요.

보기
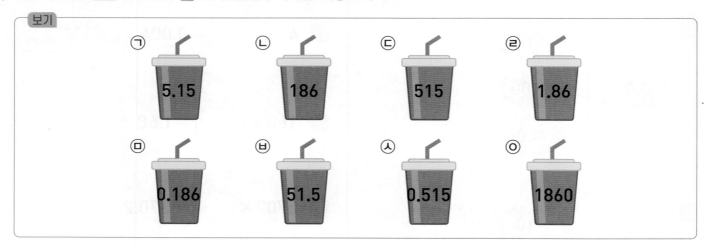

| ㉠ 5.15 | ㉡ 186 | ㉢ 515 | ㉣ 1.86 |
| ㉤ 0.186 | ㉥ 51.5 | ㉦ 0.515 | ㉧ 1860 |

35 0.515 × 100 ☐

36 0.515 × 1000 ☐

37 1.86 × 1000 ☐

38 1.86 × 100 ☐

39 515 × 0.01 ☐

40 515 × 0.001 ☐

41 186 × 0.001 ☐

42 186 × 0.01 ☐

실수한 것이 없는지 검토했나요?

예 ☐ , 아니요 ☐

27회 개념 소수끼리의 곱셈에서 곱의 소수점의 위치

곱하는 두 수의 소수점 아래 자리 수를 더한 값과 곱의 소수점 아래 자리 수는 같습니다.

```
    1 9          0.1 9  (소수 두 자리 수)
  × 1 7    →   ×   1.7  (소수 한 자리 수)
  ─────        ─────────
  3 2 3        0.3 2 3  (소수 세 자리 수)


    4 3          0.4 3  (소수 두 자리 수)
  × 2 5    →   ×   2.5  (소수 한 자리 수)
  ─────        ─────────
1 0 7 5        1.0 7 5  (소수 세 자리 수)
```

곱하는 두 수의 소수점 아래 자리 수를 더한 것만큼 곱의 소수점을 왼쪽으로 옮깁니다.

$$29 \times 74 = 2146$$

```
 ┌─ 2.9 × 7.4 = 21.46
 │     1     1    1+1=2
 │
→├─ 2.9 × 0.74 = 2.146
 │     1      2    1+2=3
 │
 └─ 0.29 × 0.74 = 0.2146
       2       2     2+2=4
```

◆ ☐ 안에 알맞은 말을 써넣고, 계산 결과에 소수점을 바르게 찍어 보세요.

1
```
      3 . 1     ← 소수  한  자리 수
  ×   4 . 5     ← 소수  한  자리 수
  ─────────
1 3 9 5         ← 소수 ◯ 자리 수
```

2
```
      8 . 3     ← 소수  한  자리 수
  × 0 . 5 8     ← 소수  두  자리 수
  ─────────
4 8 1 4         ← 소수 ◯ 자리 수
```

3
```
        9 . 6     ← 소수  한  자리 수
  ×   1 1 . 2     ← 소수  한  자리 수
  ───────────
1 0 7 5 2         ← 소수 ◯ 자리 수
```

4
```
  0 . 4 2     ← 소수  두  자리 수
  ×   8 . 2   ← 소수  한  자리 수
  ─────────
3 4 4 4       ← 소수 ◯ 자리 수
```

5
```
      6 . 7 4     ← 소수  두  자리 수
  ×   0 . 9 3     ← 소수  두  자리 수
  ───────────
6 2 6 8 2         ← 소수 ◯ 자리 수
```

◆ 주어진 식을 이용하여 계산 결과에 소수점을 바르게 찍어 보세요.

6
$$21 \times 56 = 1176$$

```
┌ 0.21 ×  5.6 = 1 1 7 6
├ 2.1  × 0.56 = 1 1 7 6
└ 2.1  ×  5.6 = 1 1 7 6
```

7
$$31 \times 79 = 2449$$

```
┌ 0.31 ×  7.9 = 2 4 4 9
├ 3.1  × 0.79 = 2 4 4 9
└ 3.1  ×  7.9 = 2 4 4 9
```

8
$$124 \times 38 = 4712$$

```
┌ 1.24 ×  3.8  = 4 7 1 2
├ 12.4 × 0.38  = 4 7 1 2
└ 12.4 ×  3.8  = 4 7 1 2
```

4
단원

정답
16쪽

◈ 주어진 식을 이용하여 계산을 하세요.

9
$$11 \times 49 = 539$$

① 0.11×4.9

② 0.11×0.49

10
$$65 \times 9 = 585$$

① 0.65×0.9

② 0.65×0.09

11
$$19 \times 39 = 741$$

① 1.9×3.9

② 1.9×0.39

12
$$47 \times 16 = 752$$

① 4.7×1.6

② 4.7×0.16

13
$$54 \times 16 = 864$$

① 5.4×1.6

② 5.4×0.16

14
$$13 \times 72 = 936$$

① 0.13×7.2

② 0.13×0.72

◈ 주어진 식을 이용하여 계산을 하세요.

15
$$64 \times 22 = 1408$$

① 6.4×2.2

② 0.64×2.2

16
$$26 \times 59 = 1534$$

① 2.6×0.59

② 0.26×0.59

실수 방지 계산 결과의 소수점 아래 끝자리 숫자가 0일 때에는 생략하여 써야 해요.

17
$$35 \times 52 = 1820$$

① 3.5×5.2

② 0.35×5.2

18
$$27 \times 78 = 2106$$

① 2.7×0.78

② 0.27×0.78

19
$$39 \times 55 = 2145$$

① 3.9×5.5

② 0.39×5.5

20
$$83 \times 37 = 3071$$

① 8.3×0.37

② 0.83×0.37

◆ 빈칸에 알맞은 수를 써넣으세요.

21

→ × →

27	4	108
2.7	0.4	
2.7	0.04	

22

→ × →

42	28	1176
4.2	2.8	
0.42	0.28	

◆ 왼쪽의 식을 보고 오른쪽 곱의 소수점을 바르게 찍은 것을 찾아 기호를 쓰세요.

23

27 × 35 = 945	2.7 × 0.35
㉠ 94.5　　㉡ 0.945　　㉢ 9.45	

(　　　　　)

24

41 × 18 = 738	0.41 × 1.8
㉠ 73.8　　㉡ 7.38　　㉢ 0.738	

(　　　　　)

25

144 × 3 = 432	14.4 × 0.3
㉠ 4.32　　㉡ 43.2　　㉢ 0.432	

(　　　　　)

◆ 계산 결과가 같은 것끼리 선으로 이어 보세요.

26

6.9 × 5.6 ・　　　　・ 6.9 × 0.56

0.69 × 5.6 ・　　　　・ 690 × 0.056

27

2.8 × 1.2 ・　　　　・ 2.8 × 0.12

0.28 × 1.2 ・　　　　・ 28 × 0.12

28

7.1 × 0.8 ・　　　　・ 0.71 × 8

0.71 × 0.8 ・　　　　・ 7.1 × 0.08

29

5.3 × 2.1 ・　　　　・ 0.053 × 21

0.53 × 2.1 ・　　　　・ 0.53 × 21

4단원

정답 16쪽

문장제 + 연산

30 콩과 쌀이 한 포대씩 있습니다. 콩의 무게는 3.4 kg 이고, 쌀의 무게는 콩 무게의 6.9배 입니다. 34 × 69 = 2346일 때 쌀 한 포대의 무게는 몇 kg일까요?

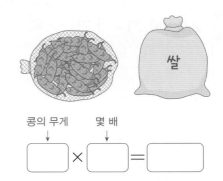

콩의 무게　　몇 배
↓　　　　↓
[　　] × [　　] = [　　]

답 쌀 한 포대의 무게는 [　　] kg입니다.

✦ 곱의 소수점을 바르게 찍은 곱셈식을 찾아 ◯표 하고, ◯표 한 글자를 번호 순서대로 아래 ☐ 안에 써넣으세요.

31
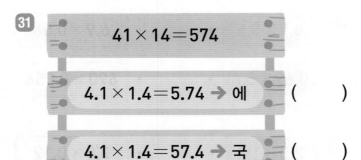

41×14=574

4.1×1.4=5.74 → 에   (   )

4.1×1.4=57.4 → 국   (   )

34
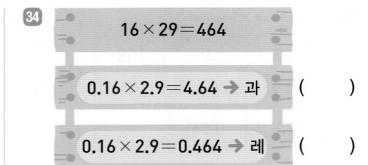

16×29=464

0.16×2.9=4.64 → 과   (   )

0.16×2.9=0.464 → 레   (   )

32
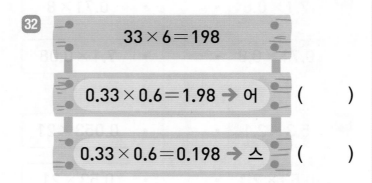

33×6=198

0.33×0.6=1.98 → 어   (   )

0.33×0.6=0.198 → 스   (   )

35
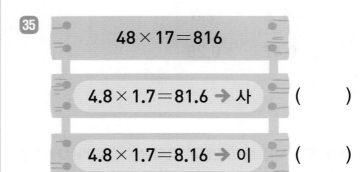

48×17=816

4.8×1.7=81.6 → 사   (   )

4.8×1.7=8.16 → 이   (   )

33
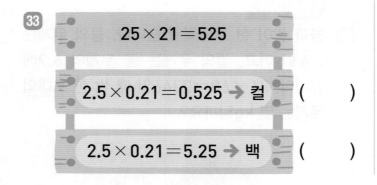

25×21=525

2.5×0.21=0.525 → 컬   (   )

2.5×0.21=5.25 → 백   (   )

36
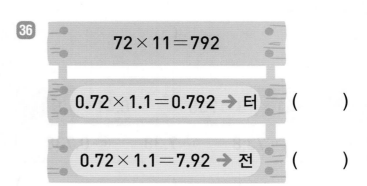

72×11=792

0.72×1.1=0.792 → 터   (   )

0.72×1.1=7.92 → 전   (   )

실수한 것이 없는지 검토했나요?

예 ☐ , 아니요 ☐

28회 테스트 4. 소수의 곱셈

➕ 곱셈을 하세요.

1 ①
```
    0.4
×     3
```
②
```
    0.4
×   1 7
```

2 ①
```
    0.1 4
×       1 3
```
②
```
    0.1 4
×       8 6
```

3 ①
```
    1.9
×     6
```
②
```
    1.9
×   2 4
```

4 ①
```
    2.1 8
×       1 1
```
②
```
    2.1 8
×       3 1
```

5 ①
```
      7
×   0.4
```
②
```
      7
×   0.6 1
```

6 ①
```
    1 3
×   0.3
```
②
```
    1 3
×   0.5 3
```

➕ 곱셈을 하세요.

7 ①
```
    1 6
×   1.9 8
```
②
```
    1 6
×   3.2 6
```

8 ①
```
    2 8
×   1.9
```
②
```
    2 8
×   2.0 5
```

9 ①
```
    0.8
×   0.2
```
②
```
    0.8
×   0.9 4
```

10 ①
```
    0.5 2
×     0.6
```
②
```
    0.5 2
×     0.8
```

11 ①
```
    1.2
×   2.3
```
②
```
    1.2
×   4.2 7
```

12 ①
```
    2.0 9
×     2.3
```
②
```
    2.0 9
×     6.4
```

◆ 곱셈을 하세요.

13 ① 0.2 × 4
   ② 0.6 × 4

14 ① 0.33 × 5
   ② 0.91 × 5

15 ① 3.2 × 6
   ② 4.8 × 6

16 ① 5.3 × 8
   ② 8.89 × 8

17 ① 1.7 × 14
   ② 2.11 × 14

18 ① 13 × 0.5
   ② 42 × 0.5

19 ① 4 × 0.29
   ② 8 × 0.29

20 ① 15 × 2.3
   ② 21 × 2.3

◆ 곱셈을 하세요.

21 ① 5 × 3.15
   ② 9 × 3.15

22 ① 4 × 8.09
   ② 11 × 8.09

23 ① 0.7 × 0.9
   ② 0.9 × 0.9

24 ① 0.4 × 0.67
   ② 0.16 × 0.67

25 ① 0.27 × 0.31
   ② 0.63 × 0.31

26 ① 1.2 × 4.7
   ② 3.6 × 4.7

27 ① 6.74 × 1.2
   ② 8.31 × 1.2

28 ① 3.4 × 5.19
   ② 9.3 × 5.19

◆ 빈칸에 알맞은 수를 써넣으세요.

29

×		
9	1.3	
16	2.81	

30

×		
0.27	5	
3.08	13	

◆ ☐ 안에 알맞은 수를 써넣으세요.

31

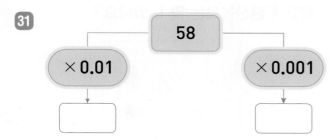

58
× 0.01   × 0.001

32

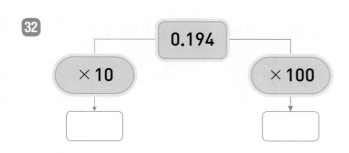

0.194
× 10   × 100

33

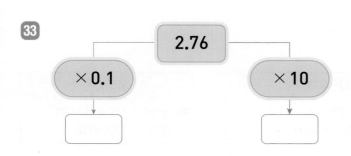

2.76
× 0.1   × 10

◆ 곱의 크기를 비교하여 ◯ 안에 >, =, <를 알맞게 써넣으세요.

34 1.4 × 7 ◯ 29 × 0.3

35 5.1 × 4 ◯ 9 × 2.6

36 0.52 × 0.8 ◯ 0.7 × 0.7

37 7.4 × 3.4 ◯ 4.5 × 5.4

◆ 가장 큰 수와 가장 작은 수의 곱을 구하세요.

38

1.7	3.7	1.2

( )

39

4.8	7.05	1.6

( )

40

0.24	3.15	9.3

( )

41

6.13	2.5	1.4

( )

✦ 문제를 읽고 답을 구하세요.

42 지후가 일주일 동안 마신 우유는 모두 몇 L 일까요?

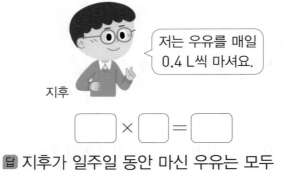

저는 우유를 매일 0.4 L씩 마셔요.

지후

□ × □ = □

답 지후가 일주일 동안 마신 우유는 모두 □ L입니다.

✦ 문제를 읽고 답을 구하세요.

44 옥수수 과자 한 봉지는 0.75 kg입니다. 그중 0.9만큼이 탄수화물 성분일 때 탄수화물 성분은 몇 kg일까요?

□ × □ = □

답 탄수화물 성분은 □ kg입니다.

43 일정한 빠르기로 1시간 동안 75 km를 달리는 자동차가 있습니다. 이 자동차로 4.6시간 동안 달린 거리는 몇 km일까요?

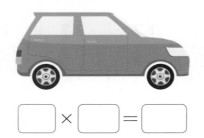

□ × □ = □

답 4.6시간 동안 달린 거리는 □ km입니다.

45 냉장고에 과일 주스는 1.3 L만큼 있고, 탄산음료는 과일 주스의 1.2배만큼 있습니다. 냉장고에 탄산음료는 몇 L 있나요?

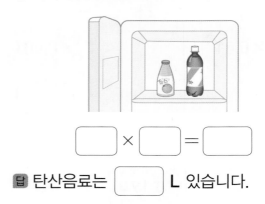

□ × □ = □

답 탄산음료는 □ L 있습니다.

• 4단원 테스트 후 맞힌 개수에 따라 아래와 같이 공부하세요.

맞힌 개수	0~31개	32~40개	41~45개
공부 방법	소수의 곱셈에 대한 이해가 부족해요. 20~27회를 다시 공부해요.	소수의 곱셈에 대해 이해는 하고 있으나 좀 더 연습이 필요해요.	계산 실수하지 않도록 집중하여 틀린 문제를 확인해요.

5

직육면체

5. 직육면체

29회 **1** **직육면체, 정육면체**

선분으로 둘러싸인 부분을 면,
면과 면이 만나는 선분을 모서리,
모서리와 모서리가 만나는
점을 꼭짓점이라 해요.

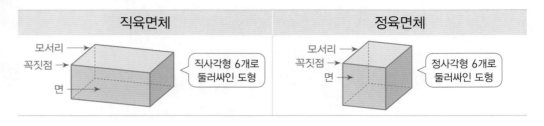

30회 **2** **직육면체의 성질**

◆ **직육면체의 밑면**: 직육면체에서 계속 늘여도 만나지 않는 두 면
◆ **직육면체의 옆면**: 직육면체에서 밑면과 수직인 면

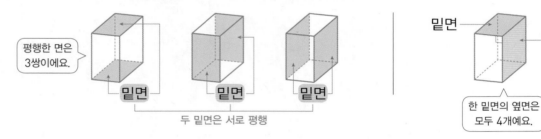

31회 **3** **직육면체의 겨냥도**

◆ **직육면체의 겨냥도**: 직육면체 모양을 잘 알 수 있도록 나타낸 그림

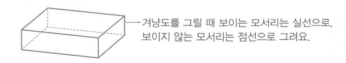

겨냥도를 그릴 때 보이는 모서리는 실선으로,
보이지 않는 모서리는 점선으로 그려요.

32~33회 **4** **정육면체의 전개도, 직육면체의 전개도**

전개도를 그릴 때
잘린 모서리는 실선으로,
잘리지 않은 모서리는
점선으로 그려요.

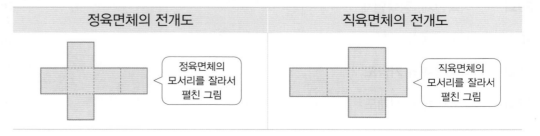

29회 개념 직육면체, 정육면체

- 직사각형 6개로 둘러싸인 도형을 직육면체라고 합니다.
- 정사각형 6개로 둘러싸인 도형을 정육면체라고 합니다.

면 선분으로 둘러싸인 부분

모서리 면과 면이 만나는 선분

꼭짓점 모서리와 모서리가 만나는 점

직육면체   정육면체

직육면체와 정육면체를 비교합니다.

	직육면체	정육면체
면의 수(개)	6	6
모서리의 수(개)	12	12
꼭짓점의 수(개)	8	8
면의 모양	직사각형	정사각형
모서리의 길이	모두 같지는 않음	모두 같음

✦ 주어진 도형을 찾아 ◯표 하세요.

1 직육면체

2 직육면체
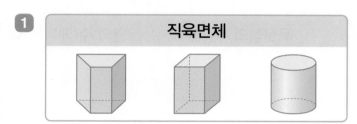

3 정육면체
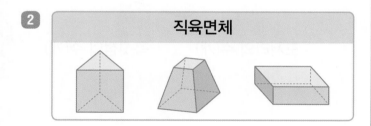

4 정육면체
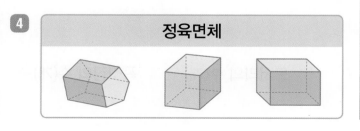

✦ ☐ 안에 직육면체 또는 정육면체의 각 부분의 이름을 알맞게 써넣으세요.

5
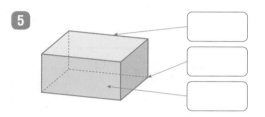

6
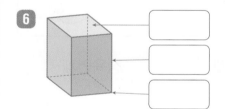

7
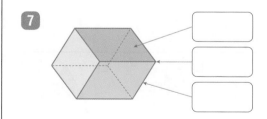

8
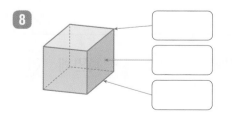

◆ 직육면체와 정육면체를 각각 찾아 기호를 쓰세요.

9

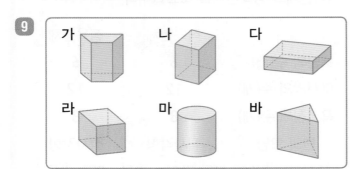

가　나　다
라　마　바

직육면체	정육면체

10

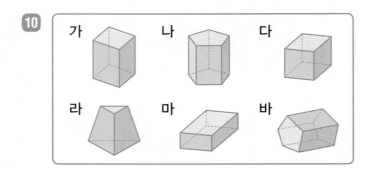

가　나　다
라　마　바

직육면체	정육면체

11

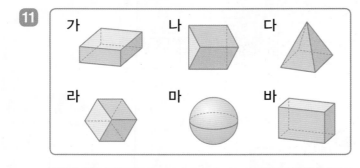

가　나　다
라　마　바

직육면체	정육면체

◆ 직육면체 또는 정육면체를 보고 빈칸에 알맞은 수를 써넣으세요.

12

면의 수(개)	모서리의 수(개)

13

꼭짓점의 수(개)	면의 수(개)

14

모서리의 수(개)	꼭짓점의 수(개)

15

면의 수(개)	꼭짓점의 수(개)

16

모서리의 수(개)	꼭짓점의 수(개)

✦ 직육면체를 보고 ☐ 안에 알맞은 수를 써넣으세요.

17
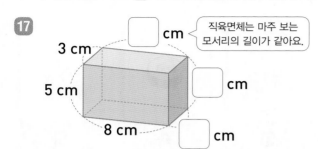
직육면체는 마주 보는 모서리의 길이가 같아요.

3 cm ☐ cm
5 cm
8 cm ☐ cm
☐ cm

18
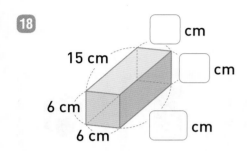
15 cm ☐ cm
6 cm ☐ cm
6 cm ☐ cm

19
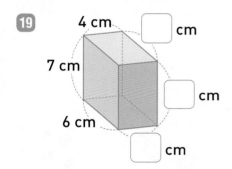
4 cm ☐ cm
7 cm
6 cm ☐ cm
☐ cm

20
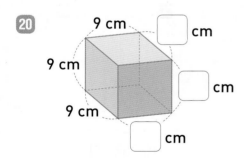
9 cm ☐ cm
9 cm
9 cm ☐ cm
☐ cm

21
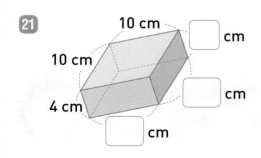
10 cm ☐ cm
10 cm
4 cm ☐ cm
☐ cm

✦ 정육면체의 모든 모서리의 길이의 합은 몇 cm인지 구하세요.

22
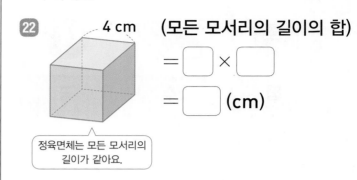
4 cm

(모든 모서리의 길이의 합)
= ☐ × ☐
= ☐ (cm)

정육면체는 모든 모서리의 길이가 같아요.

23

(모든 모서리의 길이의 합)
= ☐ × ☐
= ☐ (cm)
7 cm

24
12 cm

(모든 모서리의 길이의 합)
= ☐ × ☐
= ☐ (cm)

문장제 + 연산

25 하준이는 직사각형 6개로 둘러싸인 도형 모양의 필통을 샀습니다. 이 필통의 모서리는 몇 개일까요?

직사각형 6개로 둘러싸인 도형
↓
☐ 의 모서리는 ☐ 개입니다.

답 필통의 모서리는 ☐ 개입니다.

◆ 직육면체를 찾아 ○표 하고, 직육면체에 적힌 글자를 아래에 차례대로 써넣어 문장을 완성하세요.

26

정　　수　　국

29

영　　축　　활

27

영　　거　　립

30

구　　주　　화

28

교　　원　　장

31

장　　관　　로

어제 오전에 ☐☐☐ 에 갔다가 오후에 ☐☐☐ 에 갔습니다.

30회 개념 직육면체의 성질

직육면체에서 계속 늘여도 만나지 않는 서로 평행한 두 면을 직육면체의 밑면이라고 합니다.

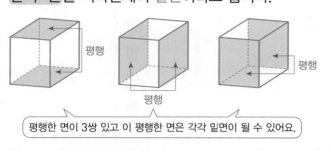

평행한 면이 3쌍 있고 이 평행한 면은 각각 밑면이 될 수 있어요.

직육면체에서 밑면과 수직인 면을 직육면체의 옆면이라고 합니다.

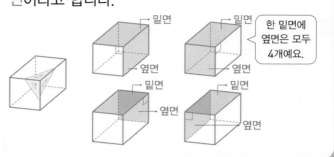

한 밑면에 옆면은 모두 4개예요.

◆ 직육면체에서 색칠한 면과 평행한 면을 찾아 색칠하세요.

1 ① 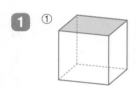 ②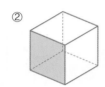

2 ① 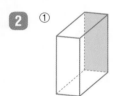 ②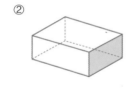

3 ① 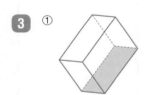 ②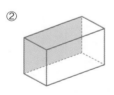

4 ① 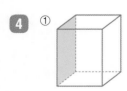 ②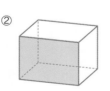

5 ① 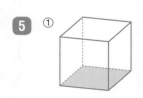 ②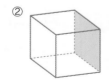

◆ 왼쪽 직육면체에서 색칠한 면과 수직인 면을 색칠한 것을 찾아 ○표 하세요.

6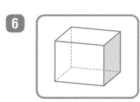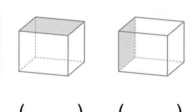

(   ) (   )

7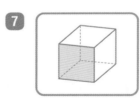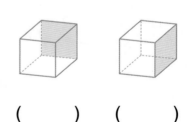

(   ) (   )

8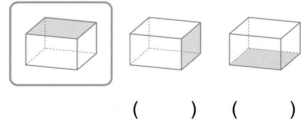

(   ) (   )

9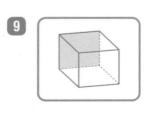

(   ) (   )

5 단원

정답 18쪽

◆ 직육면체에서 색칠한 면이 밑면일 때 다른 밑면을 찾아 쓰세요.

◆ 직육면체에서 색칠한 면과 수직인 면을 모두 찾아 쓰세요.

10
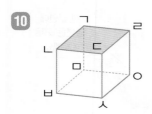

면 (   )

15
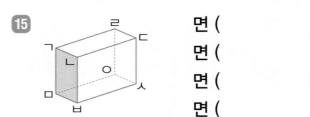

면 (   ),
면 (   ),
면 (   ),
면 (   )

11

면 (   )

16
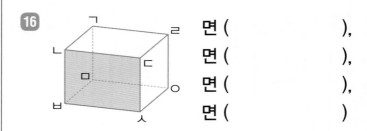

면 (   ),
면 (   ),
면 (   ),
면 (   )

12

면 (   )

13

면 (   )

17

면 (   ),
면 (   ),
면 (   ),
면 (   )

14

면 (   )

18
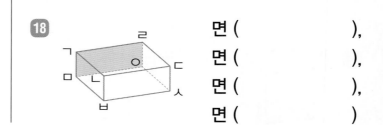

면 (   ),
면 (   ),
면 (   ),
면 (   )

◆ 직육면체를 보고 주어진 면과 평행한 면을 찾아 쓰세요.

19

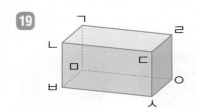

① 면 ㄱㄴㄷㄹ과 면 (   )
② 면 ㄷㅅㅇㄹ과 면 (   )

20

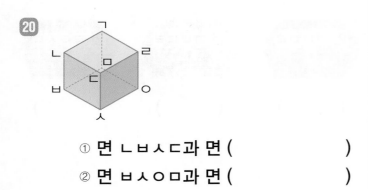

① 면 ㄴㅂㅅㄷ과 면 (   )
② 면 ㅂㅅㅇㅁ과 면 (   )

21

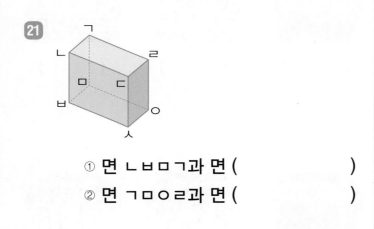

① 면 ㄴㅂㅁㄱ과 면 (   )
② 면 ㄱㅁㅇㄹ과 면 (   )

22

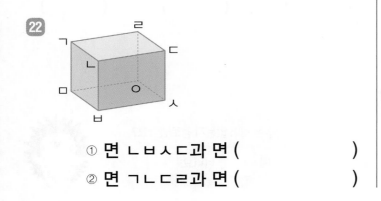

① 면 ㄴㄱㅂㅅㄷ과 면 (   )
② 면 ㄱㄴㄷㄹ과 면 (   )

◆ 직육면체에서 색칠한 면과 수직이 아닌 면을 찾아 ○표 하세요.

23

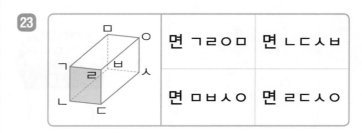

| 면 ㄱㄹㅇㅁ | 면 ㄴㄷㅅㅂ |
| 면 ㅁㅂㅅㅇ | 면 ㄹㄷㅅㅇ |

24

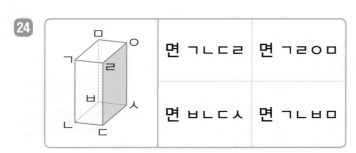

| 면 ㄱㄴㄷㄹ | 면 ㄱㄹㅇㅁ |
| 면 ㅂㄴㄷㅅ | 면 ㄱㄴㅂㅁ |

25

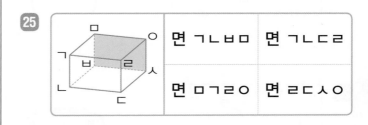

| 면 ㄱㄴㅂㅁ | 면 ㄱㄴㄷㄹ |
| 면 ㅁㄱㄹㅇ | 면 ㄹㄷㅅㅇ |

문장제 + 연산

26 직육면체에서 점 ㄷ과 만나는 면은 모두 몇 개일까요?

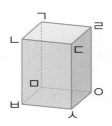

점 ㄷ과 만나는 면
↓

알맞은 면에 → ○표 하기

| 면 ㄱㄴㄷㄹ | 면 ㄴㅂㅅㄷ | 면 ㅁㅂㅅㅇ |
| 면 ㄱㅁㅇㄹ | 면 ㄱㄴㅂㅁ | 면 ㄷㅅㅇㄹ |

답 점 ㄷ과 만나는 면은 모두 [   ]개입니다.

◆ 직육면체에서 색칠한 면이 밑면일 때 옆면이 아닌 상자에 보물이 들어 있습니다. 보물이 들어 있는 상자를 찾아 ○표 하세요.

27

( )　　( )　　( )　　( )

28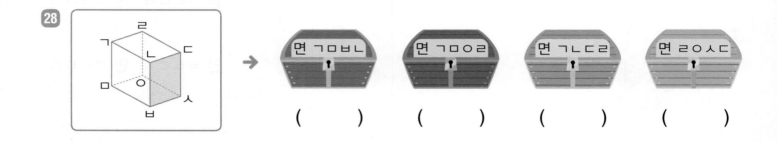

( )　　( )　　( )　　( )

29

( )　　( )　　( )　　( )

30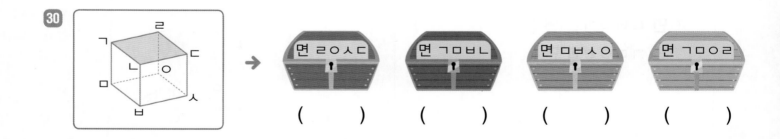

( )　　( )　　( )　　( )

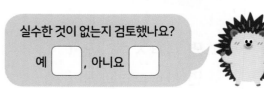

실수한 것이 없는지 검토했나요?

예 □ , 아니요 □

31회 개념 직육면체의 겨냥도

직육면체의 모양을 잘 알 수 있도록 나타낸 그림을 직육면체의 겨냥도라고 합니다.

직육면체의 겨냥도에서 보이는 부분이에요.

직육면체의 겨냥도에서 보이지 않는 부분이에요.

	보이는 부분	보이지 않는 부분
면의 수(개)	3	3
모서리의 수(개)	9	3
꼭짓점의 수(개)	7	1

직육면체의 겨냥도는 보이는 모서리는 실선으로, 보이지 않는 모서리는 점선으로 그립니다.

〈직육면체〉 → 실선 + 점선

→

〈직육면체의 겨냥도〉

◆ 직육면체를 바르게 설명한 것에 ○표, 잘못 설명한 것에 ×표 하세요.

1 보이는 면은 3개입니다. ☐

2 보이지 않는 면은 2개입니다. ☐

3 보이는 모서리는 8개입니다. ☐

4 보이지 않는 모서리는 3개입니다. ☐

5 보이는 꼭짓점은 6개입니다. ☐

6 보이지 않는 꼭짓점은 1개입니다. ☐

◆ 직육면체의 겨냥도를 바르게 그린 것에 ○표 하세요.

7
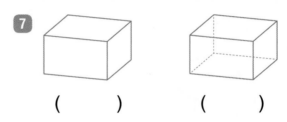
(   )   (   )

8
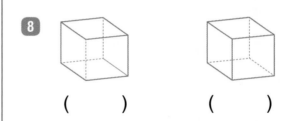
(   )   (   )

9
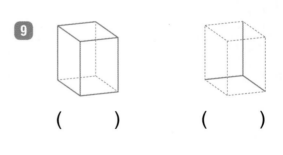
(   )   (   )

10
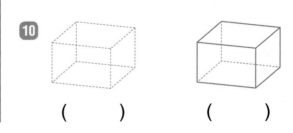
(   )   (   )

◆ 직육면체에서 보이지 않는 모서리를 점선으로 그리세요.

11

12

13

14

15

◆ 직육면체에서 보이는 모서리를 실선으로 그리세요.

16
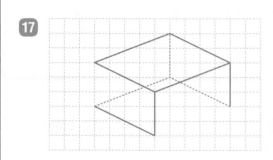

17
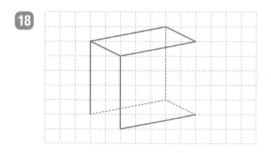

18
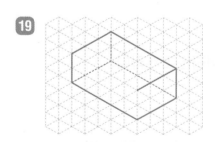

19

20
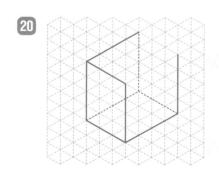

◈ 그림에서 빠진 부분을 그려 넣어 직육면체의 겨냥도
를 완성하세요.

21
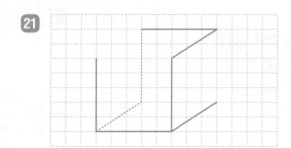

22
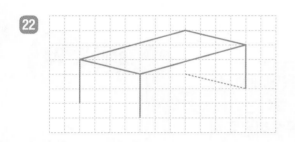

23
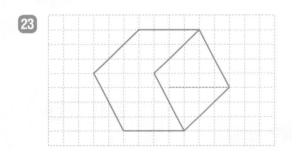

24
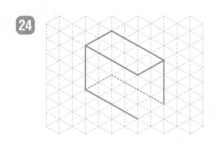

25
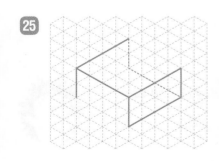

◈ 직육면체의 겨냥도를 보고 표의 빈칸에 알맞은 수를
써넣으세요.

26
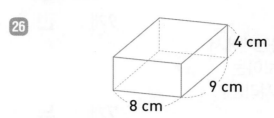

	보이는 모서리	보이지 않는 모서리
길이의 합(cm)		

27
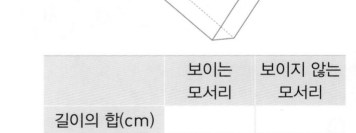

	보이는 모서리	보이지 않는 모서리
길이의 합(cm)		

문장제 + 연산

28 은서와 지후가 직육면체의 겨냥도 를 각각 그
렸습니다. 바르게 그린 사람은 누구일까요?

직육면체의 겨냥도에서는 보이는 모서리는
　　　으로, 보이지 않는 모서리는 　　　으
로 그려야 합니다.

답 바르게 그린 사람은 　　　입니다.

◆ 올바른 답을 찾아 길을 따라 가 보고, 도착한 곳에 있는 글자를 차례로 모아 쓰세요.

29
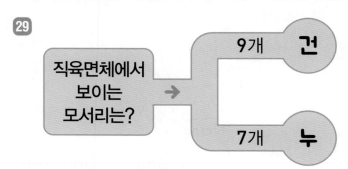
직육면체에서 보이는 모서리는? → 9개 건 / 7개 누

32
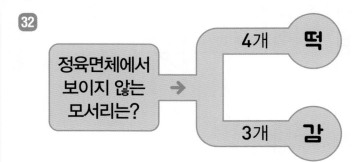
정육면체에서 보이지 않는 모서리는? → 4개 떡 / 3개 감

30
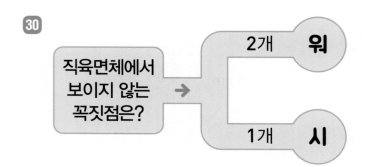
직육면체에서 보이지 않는 꼭짓점은? → 2개 워 / 1개 시

33
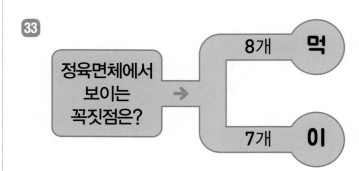
정육면체에서 보이는 꼭짓점은? → 8개 먹 / 7개 이

31
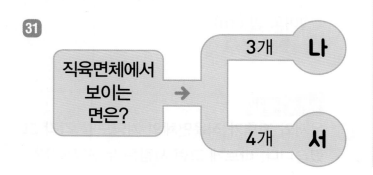
직육면체에서 보이는 면은? → 3개 나 / 4개 서

34
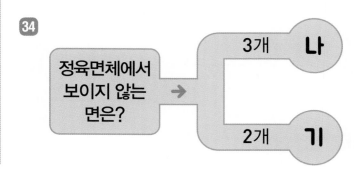
정육면체에서 보이지 않는 면은? → 3개 나 / 2개 기

🔷 도착한 곳에 있는 글자를 차례로 모아 쓰면?

결국 큰 차이 없이 비슷비슷한 물건이란 뜻이에요.

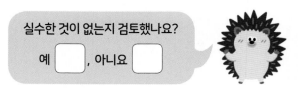

실수한 것이 없는지 검토했나요?

예 ☐ , 아니요 ☐

32회 개념 정육면체의 전개도

정육면체의 모서리를 잘라서 펼친 그림을 정육면체의 전개도라고 합니다.

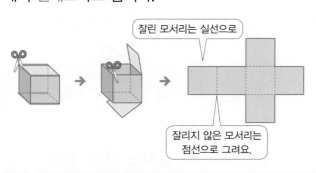

정육면체의 전개도를 접었을 때 만나는 부분을 알아봅니다.

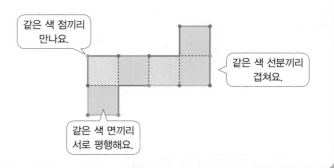

같은 색 점끼리 만나요.

같은 색 선분끼리 겹쳐요.

같은 색 면끼리 서로 평행해요.

◆ 정육면체의 전개도를 바르게 그린 것에 ○표 하세요.

1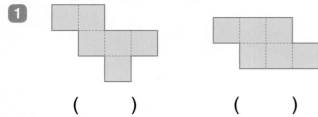

　(　　)　　　　(　　)

2

　(　　)　　　　(　　)

3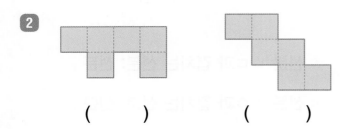

　(　　)　　　　(　　)

4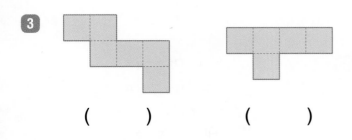

　(　　)　　　　(　　)

◆ 정육면체의 전개도에서 빠진 부분을 그려 보세요.

5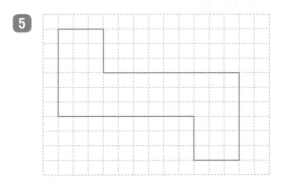

6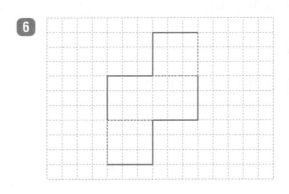

7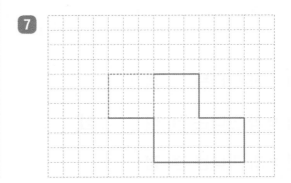

◆ 전개도를 접어서 정육면체를 만들었습니다. ☐ 안에 알맞게 써넣으세요.

8

① 점 ㄱ과 만나는 점: 점 ☐

② 점 ㄴ과 만나는 점: 점 ☐

③ 점 ㄷ과 만나는 점: 점 ☐

9

① 점 ㄹ과 만나는 점: 점 ☐ , 점 ☐

② 점 ㅅ과 만나는 점: 점 ☐

③ 점 ㅎ과 만나는 점: 점 ☐

10

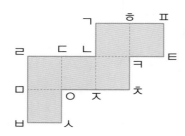

① 점 ㄱ과 만나는 점: 점 ☐

② 점 ㅂ과 만나는 점: 점 ☐ , 점 ☐

③ 점 ㅍ과 만나는 점: 점 ☐

◆ 전개도를 접어서 정육면체를 만들었습니다. ☐ 안에 알맞게 써넣으세요.

11

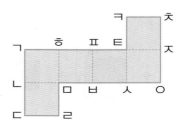

① 선분 ㅂㅅ과 겹치는 선분: 선분 ☐

② 선분 ㅈㅇ과 겹치는 선분: 선분 ☐

③ 선분 ㅍㅌ과 겹치는 선분: 선분 ☐

12

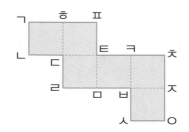

① 선분 ㄴㄷ과 겹치는 선분: 선분 ☐

② 선분 ㅈㅇ과 겹치는 선분: 선분 ☐

③ 선분 ㅎㅍ과 겹치는 선분: 선분 ☐

13

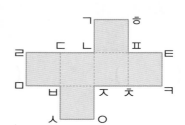

① 선분 ㄷㄹ과 겹치는 선분: 선분 ☐

② 선분 ㅅㅇ과 겹치는 선분: 선분 ☐

③ 선분 ㅌㅋ과 겹치는 선분: 선분 ☐

◆ 정육면체의 전개도를 접었을 때 색칠한 면과 평행한 면에 색칠하세요.

14
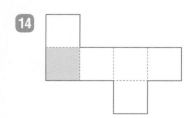

15
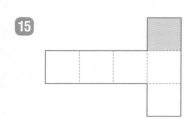

16
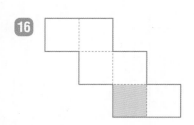

◆ 정육면체의 전개도를 접었을 때 색칠한 면과 수직인 면에 모두 색칠하세요.

17
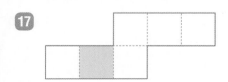

18
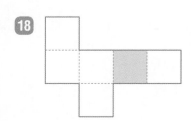

19
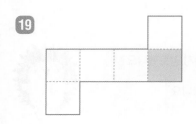

◆ 정육면체의 전개도를 접었을 때 면 나와 평행한 면을 찾아 쓰세요.

20
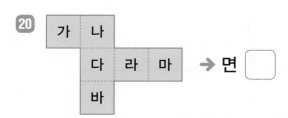 → 면 ☐

21
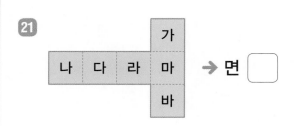 → 면 ☐

22
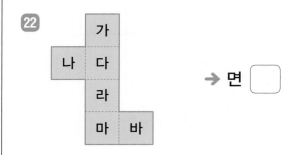 → 면 ☐

문장제 + 연산

23 주사위는 서로 평행한 두 면의 눈의 수의 합이 **7**입니다. 주사위의 전개도에서 면 다의 눈의 수는 얼마일까요?

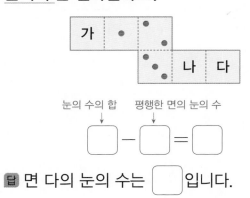

눈의 수의 합   평행한 면의 눈의 수
  ☐   —   ☐   =   ☐

답 면 다의 눈의 수는 ☐입니다.

◆ 보기 와 같이 정육면체의 전개도에서 잘못 그린 면 1개를 찾아 ○표 하고, 바르게 그려 보세요.

보기
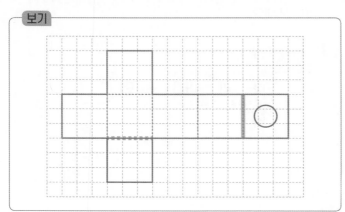

26
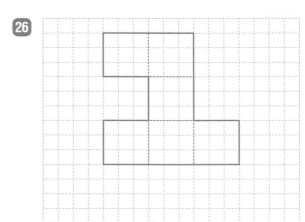

24
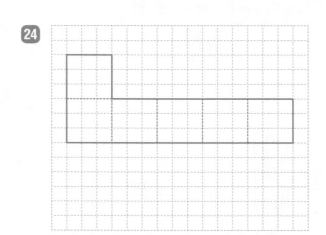

27
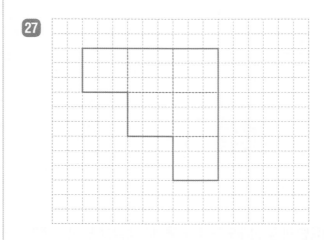

25
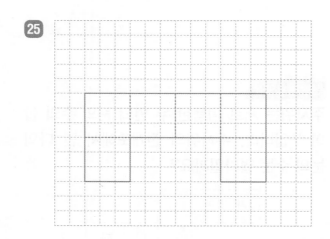

28
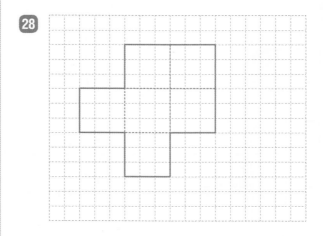

실수한 것이 없는지 검토했나요?

예 [ ] , 아니요 [ ]

33회 개념 직육면체의 전개도

직육면체의 모서리를 잘라서 펼친 그림을 직육면체의 전개도라고 합니다.

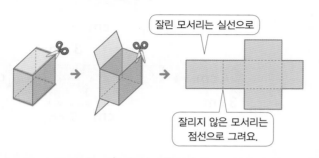

잘린 모서리는 실선으로

잘리지 않은 모서리는 점선으로 그려요.

직육면체의 전개도를 접었을 때 겹치는 선분의 길이가 같게, 평행한 면은 똑같게 그려야 합니다.

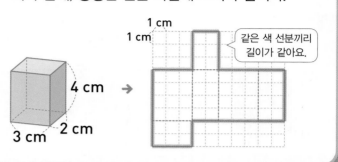

같은 색 선분끼리 길이가 같아요.

직육면체의 전개도를 바르게 그린 것에 ○표 하세요.

1
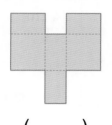 
(   )   (   )

2
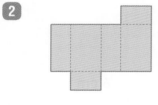 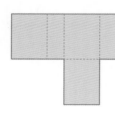
(   )   (   )

3
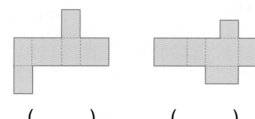
(   )   (   )

4
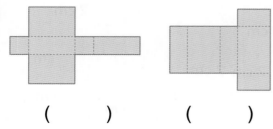
(   )   (   )

직육면체를 보고 전개도를 완성하세요.

5
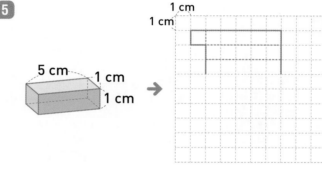

6
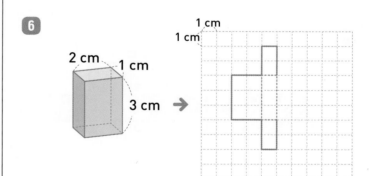

7
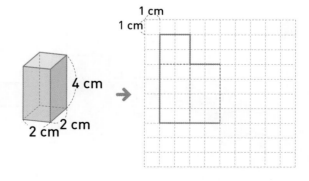

직육면체의 전개도를 그린 것입니다. ☐ 안에 알맞은 기호를 써넣으세요.

8

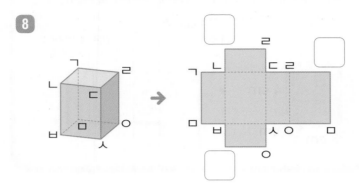

9

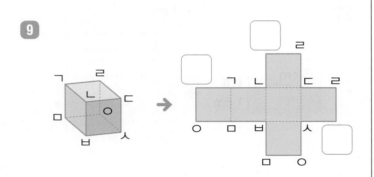

10

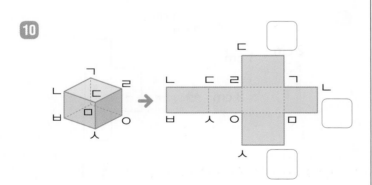

11

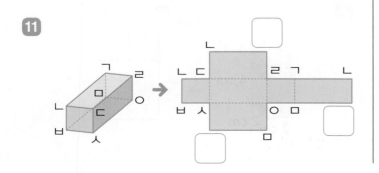

직육면체의 전개도를 그린 것입니다. ☐ 안에 알맞은 수를 써넣으세요.

12

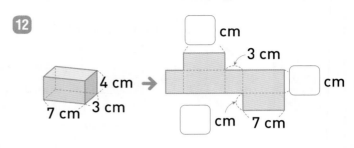

13

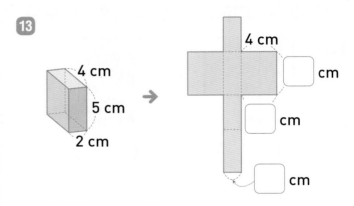

14

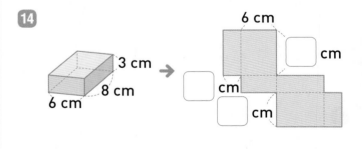

15

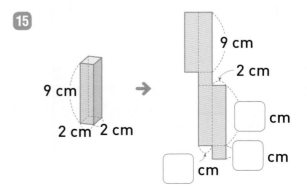

◆ 전개도를 접어서 직육면체를 만들었습니다. ☐ 안에
알맞게 써넣으세요.

16
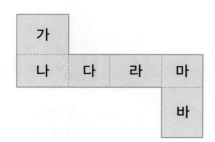

① 면 가와 평행한 면: 면 ☐

② 면 가와 수직인 면:

면 ☐, 면 ☐, 면 ☐, 면 ☐

17
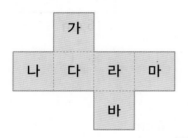

① 면 나와 평행한 면: 면 ☐

② 면 나와 수직인 면:

면 ☐, 면 ☐, 면 ☐, 면 ☐

18
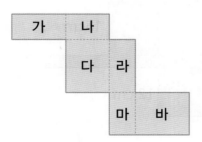

① 면 라와 평행한 면: 면 ☐

② 면 라와 수직인 면:

면 ☐, 면 ☐, 면 ☐, 면 ☐

◆ 직육면체의 전개도를 접었을 때 선분 ㄹㅁ과 겹치는
선분을 찾아 쓰세요.

19
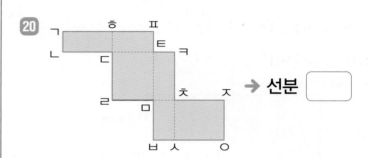

→ 선분 ☐

20
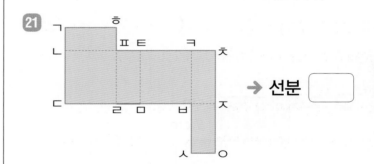

→ 선분 ☐

21
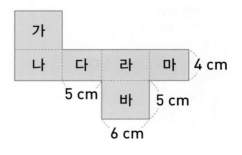

→ 선분 ☐

문장제 + 연산
22 전개도를 접어서 직육면체를 만들었을 때 면
가의 둘레는 몇 cm일까요?

가로   세로
↓   ↓
(☐ + ☐) × 2 = ☐

답 면 가의 둘레는 ☐ cm입니다.

✦ 여러 종류의 과자 상자가 있습니다. 전개도를 보고 알맞은 과자 상자를 찾아 기호를 쓰세요.

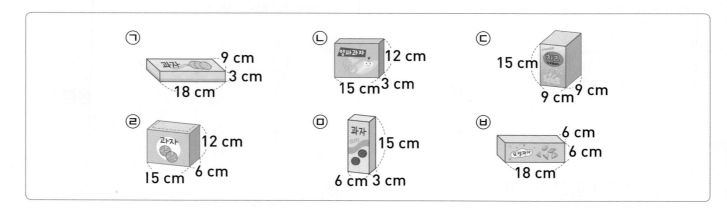

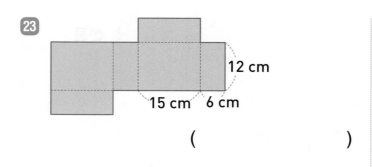

23

(   )

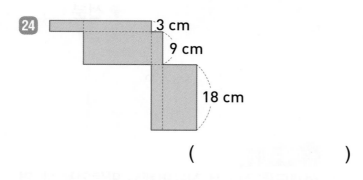

24

(   )

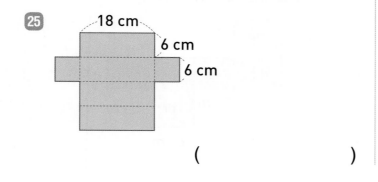

25

(   )

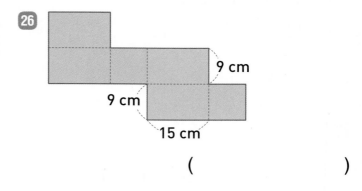

26

(   )

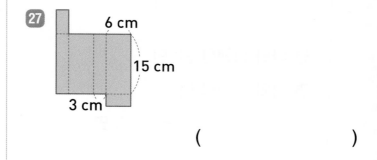

27

(   )

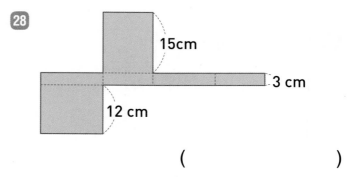

28

(   )

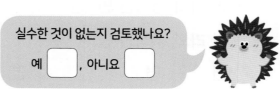

실수한 것이 없는지 검토했나요?

예 ☐ , 아니요 ☐

월 일

◆ 직육면체와 정육면체를 각각 찾아 기호를 쓰세요.

1

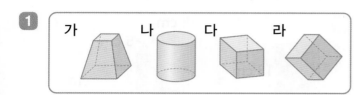

가 나 다 라

직육면체 [ ] , [ ]   정육면체 [ ]

2

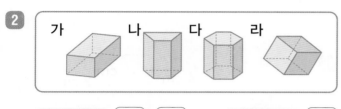

가 나 다 라

직육면체 [ ] , [ ]   정육면체 [ ]

3

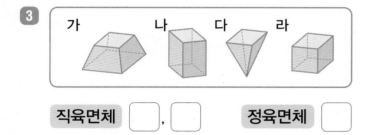

가 나 다 라

직육면체 [ ] , [ ]   정육면체 [ ]

4

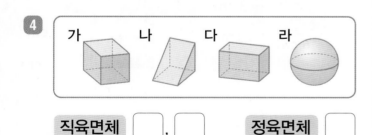

가 나 다 라

직육면체 [ ] , [ ]   정육면체 [ ]

5

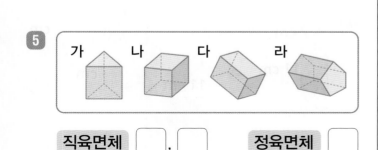

가 나 다 라

직육면체 [ ] , [ ]   정육면체 [ ]

◆ 직육면체에서 색칠한 면이 밑면일 때 다른 밑면을 찾아 쓰세요.

6

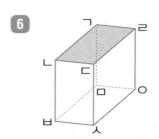

면 ( )

7

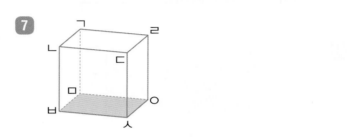

면 ( )

8

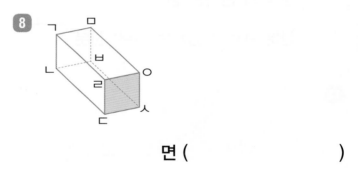

면 ( )

9

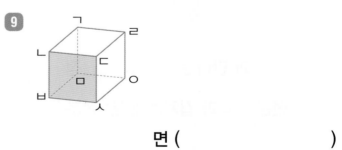

면 ( )

10

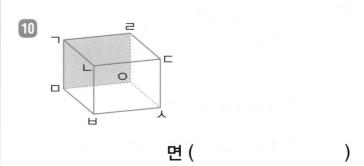

면 ( )

5 단원

정답 21쪽

◆ 전개도를 접어서 직육면체를 만들었습니다. ☐ 안에 알맞게 써넣으세요.

11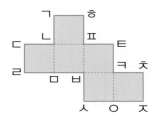

① 점 ㅎ과 만나는 점: 점 ☐ , 점 ☐

② 선분 ㅊㅈ과 겹치는 선분: 선분 ☐

12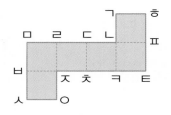

① 점 ㄷ과 만나는 점: 점 ☐

② 선분 ㅋㅌ과 겹치는 선분: 선분 ☐

13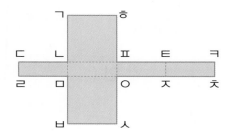

① 점 ㄱ과 만나는 점: 점 ☐ , 점 ☐

② 선분 ㄱㄴ과 겹치는 선분: 선분 ☐

14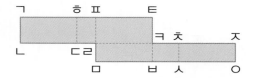

① 점 ㅍ과 만나는 점: 점 ☐

② 선분 ㄷㄹ과 겹치는 선분: 선분 ☐

◆ 직육면체의 전개도를 그린 것입니다. ☐ 안에 알맞은 수를 써넣으세요.

15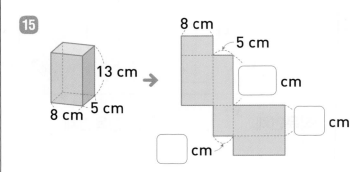

16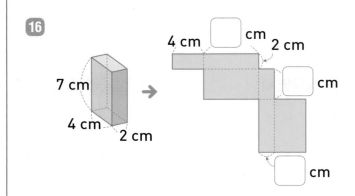

17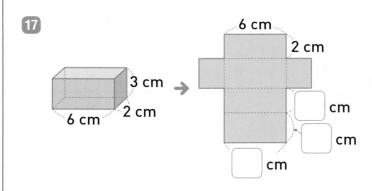

18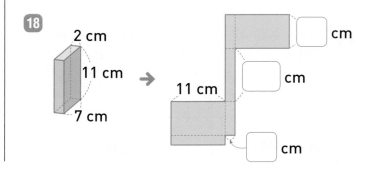

◆ 직육면체를 보고 ☐ 안에 알맞은 수를 써넣으세요.

19

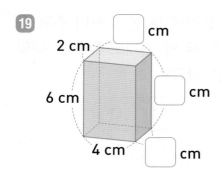

2 cm
☐ cm
6 cm
☐ cm
4 cm
☐ cm

20

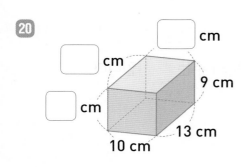

☐ cm
☐ cm
9 cm
☐ cm
13 cm
10 cm

◆ 직육면체를 보고 주어진 면과 평행한 면을 찾아 쓰세요.

21

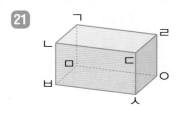

① 면 ㄱㄴㄷㄹ과 면 (   )

② 면 ㄷㅅㅇㄹ과 면 (   )

22

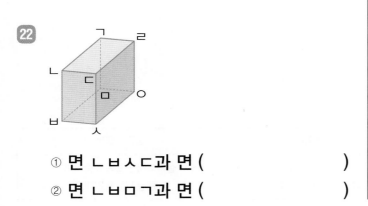

① 면 ㄴㅂㅅㄷ과 면 (   )

② 면 ㄴㅂㅁㄱ과 면 (   )

◆ 직육면체의 겨냥도를 보고 표의 빈칸에 알맞은 수를 써넣으세요.

23

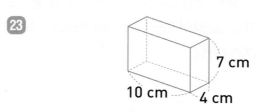

7 cm
10 cm
4 cm

	보이는 모서리	보이지 않는 모서리
길이의 합(cm)		

24

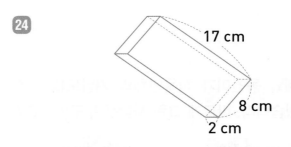

17 cm
8 cm
2 cm

	보이는 모서리	보이지 않는 모서리
길이의 합(cm)		

◆ 정육면체의 전개도를 접었을 때 색칠한 면과 수직인 면에 모두 △표 하세요.

25

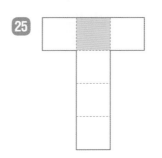

26

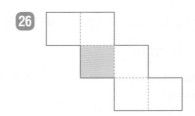

◆ 문제를 읽고 답을 구하세요.

27 소율이는 정사각형 6개로 둘러싸인 도형 모양의 상자를 포장하였습니다. 이 상자의 꼭짓점은 몇 개일까요?

□의 꼭짓점은 □개입니다.

답 상자의 꼭짓점은 □개입니다.

28 지혜와 동건이가 직육면체의 겨냥도를 각각 그렸습니다. 바르게 그린 사람은 누구일까요?

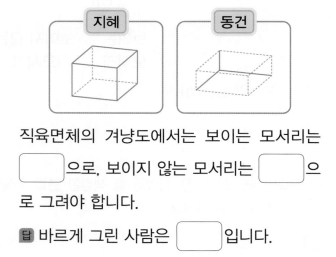

직육면체의 겨냥도에서는 보이는 모서리는 □으로, 보이지 않는 모서리는 □으로 그려야 합니다.

답 바르게 그린 사람은 □입니다.

◆ 문제를 읽고 답을 구하세요.

29 주사위는 서로 평행한 두 면의 눈의 수의 합이 7입니다. 주사위의 전개도에서 면 나의 눈의 수는 얼마일까요?

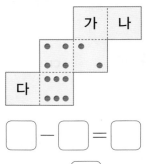

□ − □ = □

답 면 나의 눈의 수는 □입니다.

30 전개도를 접어서 직육면체를 만들었을 때 면 바의 둘레는 몇 cm일까요?

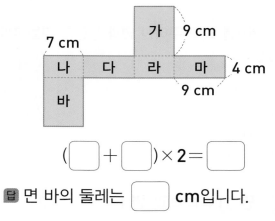

(□ + □) × 2 = □

답 면 바의 둘레는 □ cm입니다.

• 5단원 테스트 후 맞힌 개수에 따라 아래와 같이 공부하세요.

맞힌 개수	0~20개	21~26개	27~30개
공부 방법	직육면체에 대한 이해가 부족해요. 29~33회를 다시 공부해요.	직육면체에 대해 이해는 하고 있으나 좀 더 연습이 필요해요.	실수하지 않도록 집중하여 틀린 문제를 확인해요.

6

평균과 가능성

6. 평균과 가능성

35회 **1** **평균**

◆ **평균**: 여러 개의 자료를 대표하는 값

◆ **평균 구하기**: 자료의 값을 모두 더한 수를 자료의 수로 나눈 값

$$(평균)＝(자료 값의 합)÷(자료의 수)$$

제기차기 기록

이름	성현	수빈	예나
횟수(개)	3	1	5

→ (평균)＝(3＋1＋5)÷3＝9÷3＝3(개)

제기차기 기록의 합 ┘ └ 사람 수

36회 **2** **평균 이용하기**

평균을 구하는 과정을
거꾸로 생각해 봐요.

줄넘기 기록의 평균

	모둠원 수(명)	기록의 합(번)	평균(번)
나래네 모둠	3	①	12
시우네 모둠	②	52	13

① (나래네 모둠의 기록의 합)   ② (시우네 모둠원 수)
　＝(평균)×(모둠원 수)　　　　　 ＝(기록의 합)÷(평균)
　＝12×3＝36(번)　　　　　　　 ＝52÷13＝4(명)

37회 **3** **일이 일어날 가능성**

◆ **가능성**: 어떠한 상황에서 특정한 일이 일어나길 기대할 수 있는 정도

회전판을 돌릴 때 화살이 빨간색에 멈출 가능성

불가능하다	～아닐 것 같다	반반이다	～일 것 같다	확실하다

일이 일어날 가능성을
수로 표현할 수도 있어요.

일이 일어날 가능성이 낮음　　　　　　일이 일어날 가능성이 높음

0　　　　　　$\frac{1}{2}$　　　　　　1

35회 　개념 평균 구하기

평균은 여러 개의 자료를 대표하는 값입니다.

사각형 수를 고르게 한 값이 평균이에요.

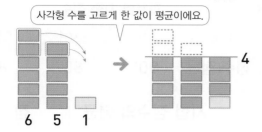

6　5　1

→ 6, 5, 1의 평균은 4입니다.

평균은 자료 값의 합을 자료의 수로 나누어 구할 수 있습니다. (평균)=(자료 값의 합)÷(자료의 수)

제기차기 기록

이름	선아	건호	소미	→ 3명
횟수(개)	10	9	8	→ 27개

(제기차기 기록의 평균)=(기록의 합)÷(학생 수)
=27÷3=9(개)

◆ 승희네 반 학생들이 넣은 고리의 수만큼 ○표 한 것입니다. ○를 옮겨 고르게 그리고, 평균을 구하세요.

1

넣은 고리 수의 평균: ☐ 개

2

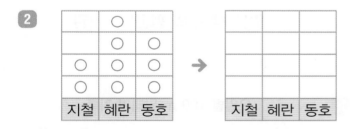

넣은 고리 수의 평균: ☐ 개

3

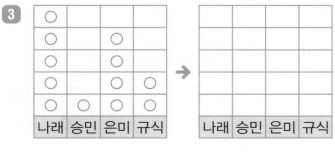

넣은 고리 수의 평균: ☐ 개

◆ 자료의 평균을 구하려고 합니다. ☐ 안에 알맞은 수를 써넣으세요.

4

9　　7　　8

(평균)=(자료 값의 합)÷(자료의 수)
=(☐+☐+☐)÷3
=☐÷3=☐

5

13　　16　　10

(평균)=(자료 값의 합)÷(자료의 수)
=(☐+☐+☐)÷3
=☐÷3=☐

6

8　　5　　9　　6

(평균)=(자료 값의 합)÷(자료의 수)
=(☐+☐+☐+☐)÷4
=☐÷4=☐

6 단원

정답 21쪽

6. 평균과 가능성　153

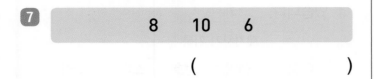

◆ 자료의 평균을 구하세요.

7

| 8 | 10 | 6 |

(   )

8

| 23 | 18 | 16 |

(   )

9

| 39 | 41 | 46 |

(   )

10

| 8 | 7 | 10 | 11 |

(   )

11

| 15 | 24 | 18 | 23 |

(   )

12

| 67 | 82 | 79 | 84 |

(   )

13

| 6 | 4 | 7 | 5 | 3 |

(   )

14

| 13 | 12 | 16 | 19 | 15 |

(   )

◆ 표를 보고 자료의 평균을 구하세요.

15

과목별 시험 점수

과목	수학	국어	영어
점수(점)	90	80	85

시험 점수의 평균: ☐ 점

16

학생별 윗몸 말아 올리기 기록

이름	선아	진우	다솜
기록(개)	37	28	31

윗몸 말아 올리기 기록의 평균: ☐ 개

17

학생별 한 달 동안 읽은 책 수

이름	진경	한별	민석	소율
책 수(권)	9	8	5	6

읽은 책 수의 평균: ☐ 권

18

요일별 100 m 달리기 기록

요일	월	화	수	목	금
기록(초)	17	18	16	19	15

달리기 기록의 평균: ☐ 초

19

학생별 TV 시청 시간

이름	하은	소윤	규리	진수	경호
시간(분)	50	45	35	30	40

TV 시청 시간의 평균: ☐ 분

◆ 보기 와 같이 막대의 높이를 고르게 하여 평균을 구하세요.

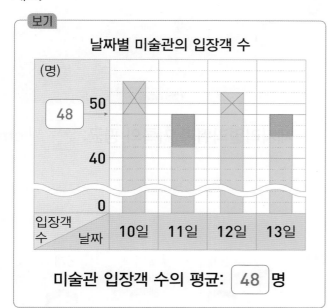

보기

날짜별 미술관의 입장객 수

미술관 입장객 수의 평균: 48 명

20 아파트 동별 자전거 수

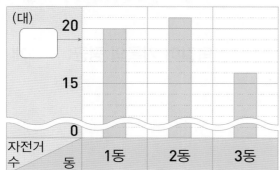

자전거 수의 평균: ◻ 대

21 학생별 칭찬 붙임딱지 수

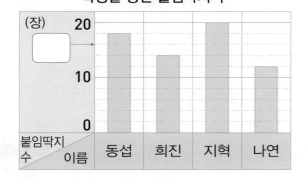

칭찬 붙임딱지 수의 평균: ◻ 장

◆ 문장을 읽고 평균을 구하세요.

22 5일 동안 공부를 275분 하였습니다.

(하루 평균 공부 시간)
= ◻ ÷ ◻ = ◻ (분)

23 4개 반의 학생은 모두 116명입니다.

(학생 수의 평균)
= ◻ ÷ ◻ = ◻ (명)

24 5명의 턱걸이 기록의 합은 90개입니다.

(턱걸이 기록의 평균)
= ◻ ÷ ◻ = ◻ (개)

문장제 + 연산

25 준호네 반의 단체 줄넘기 기록이 다음과 같을 때 준호네 반의 단체 줄넘기 기록의 평균은 몇 번일까요?

| 34번 | 40번 | 33번 | 45번 |

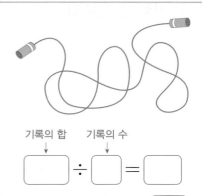

기록의 합   기록의 수
◻ ÷ ◻ = ◻

답 단체 줄넘기 기록의 평균은 ◻ 번입니다.

◆ 지민이네 반 학생들의 각 경기 기록을 나타낸 것입니다. 경기 기록의 평균을 구하세요.

26

넣은 고리 수의 평균: ☐ 개

29
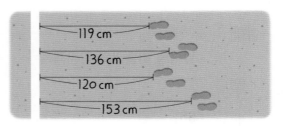

제자리멀리뛰기 기록의 평균: ☐ cm

27
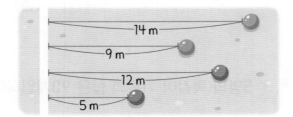

공 던지기 기록의 평균: ☐ m

30

턱걸이 기록의 평균: ☐ 개

28

제기차기 기록의 평균: ☐ 개

31

줄넘기 기록의 평균: ☐ 번

실수한 것이 없는지 검토했나요?
예 ☐ , 아니요 ☐

36회 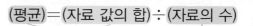 개념 평균 이용하기

자료의 수가 다를 때에는 평균으로 비교합니다.

세 사람의 과녁 맞히기 기록

이름	준하	미희	기현
기록의 합(점)	24	28	30
시도 횟수(회)	3	4	5

준하의 평균: $24 \div 3 = 8$(점) ⎤
미희의 평균: $28 \div 4 = 7$(점) ⎬ → $8 > 7 > 6$
기현의 평균: $30 \div 5 = 6$(점) ⎦

→ 기록이 가장 좋은 사람은 준하입니다.

(평균) = (자료 값의 합) ÷ (자료의 수)

(자료 값의 합) = (평균) × (자료의 수)

현우의 오래 매달리기 기록

회	1회	2회	3회	4회	평균
기록(초)	13	12		16	14

- (기록의 합)
  = (평균) × (기록의 수)
  = $14 \times 4 = $ **56**(초)

- (3회의 기록)
  = **56** − 41
  = 15(초)
  └ 3회를 제외한 기록의 합

◆ ☐ 안에 알맞은 수 또는 기호를 써넣으세요.

1

가: 8, 23, 14
나: 14, 20, 18, 12

① 가의 평균: ☐, 나의 평균: ☐

② 평균이 더 높은 것: ☐

2

가: 10, 11, 6
나: 7, 10, 12, 3

① 가의 평균: ☐, 나의 평균: ☐

② 평균이 더 높은 것: ☐

3

가: 16, 23, 18
나: 22, 18, 15, 17

① 가의 평균: ☐, 나의 평균: ☐

② 평균이 더 높은 것: ☐

◆ 평균을 이용하여 ㉠에 알맞은 수를 구하세요.

4

| 4 | 8 | ㉠ |

3개 수의 평균이 6일 때

(자료 값의 합) = $6 \times$ ☐ = ☐

→ ㉠ = ☐ − (4 + 8) = ☐

5

| 5 | ㉠ | 10 |

3개 수의 평균이 9일 때

(자료 값의 합) = $9 \times$ ☐ = ☐

→ ㉠ = ☐ − (5 + 10) = ☐

6

| 25 | 11 | ㉠ | 42 |

4개 수의 평균이 24일 때

(자료 값의 합) = $24 \times$ ☐ = ☐

→ ㉠ = ☐ − (25 + 11 + 42) = ☐

6단원

정답 22쪽

◆ 두 모둠의 평균을 각각 구하고, 알맞은 말에 ○표 하세요.

7 모둠원 수와 공책 수

	가 모둠	나 모둠
모둠원 수(명)	4	6
공책 수의 합(권)	16	18

• 가 모둠: ☐ ÷ ☐ = ☐ (권)

• 나 모둠: ☐ ÷ ☐ = ☐ (권)

→ 평균 공책 수는 (가 , 나) 모둠이 더 많습니다.

8 모둠원 수와 턱걸이 기록

	가 모둠	나 모둠
모둠원 수(명)	6	5
턱걸이 기록의 합(개)	66	60

• 가 모둠: ☐ ÷ ☐ = ☐ (개)

• 나 모둠: ☐ ÷ ☐ = ☐ (개)

→ 평균 턱걸이 기록은 (가 , 나) 모둠이 더 많습니다.

9 모둠원 수와 구슬 수

	가 모둠	나 모둠
모둠원 수(명)	6	8
구슬 수(개)	72	80

• 가 모둠: ☐ ÷ ☐ = ☐ (개)

• 나 모둠: ☐ ÷ ☐ = ☐ (개)

→ 평균 구슬 수는 (가 , 나) 모둠이 더 많습니다.

◆ ☐ 안에 알맞은 수를 써넣으세요.

10 학생별 컴퓨터 사용 시간

이름	재우	다현	혜진	평균
시간(시간)	2	4		3

① (컴퓨터 사용 시간의 합)

= ☐ × 3 = ☐ (시간)

② (혜진이의 컴퓨터 사용 시간)

= ☐ − ☐ = ☐ (시간)

└ 재우와 다현이의 컴퓨터 사용 시간의 합

11 월별 보건실 방문 학생 수

월	3월	4월	5월	6월	평균
학생 수(명)	21	16		14	16

① (보건실 방문 학생 수의 합)

= ☐ × 4 = ☐ (명)

② (5월에 보건실을 방문한 학생 수)

= ☐ − ☐ = ☐ (명)

└ 3, 4, 6월의 학생 수의 합

12 편의점별 아이스크림 판매량

편의점	가	나	다	라	평균
판매량(개)		90	110	75	90

① (아이스크림 판매량의 합)

= ☐ × 4 = ☐ (개)

② (가 편의점의 아이스크림 판매량)

= ☐ − ☐ = ☐ (개)

└ 나, 다, 라 편의점의 판매량의 합

◆ 각각의 평균을 구하고, 알맞은 말에 ○표 하세요.

13

가 모둠의 앉은키

이름	앉은키(cm)
두준	73
요나	74
현식	78

나 모둠의 앉은키

이름	앉은키(cm)
은주	77
세훈	73
나래	79
기태	79

가 모둠: ☐ cm, 나 모둠: ☐ cm

➜ (가 , 나) 모둠의 앉은키가 더 크다고 할 수 있습니다.

14

가 모둠의 몸무게

이름	몸무게(kg)
해인	48
정후	51
은미	42

나 모둠의 몸무게

이름	몸무게(kg)
영희	47
여진	41
소희	43
진철	45

가 모둠: ☐ kg, 나 모둠: ☐ kg

➜ (가 , 나) 모둠이 더 무겁다고 할 수 있습니다.

15

가 모둠의 양궁 기록

이름	기록(점)
미연	27
신성	23
지희	22

나 모둠의 양궁 기록

이름	기록(점)
태욱	20
나현	23
한수	21
기은	24

가 모둠: ☐ 점, 나 모둠: ☐ 점

➜ (가 , 나) 모둠의 양궁 기록이 더 좋다고 할 수 있습니다.

◆ 대화를 읽고 ☐ 안에 알맞은 수를 써넣으세요.

16
가희: 우리 모둠의 컴퓨터 사용 시간의 합은 175분이고 평균은 35분이야.

재중: 가희네 모둠원은 ☐ 명이겠네.
┗→ (사용 시간의 합)÷(평균)

17
지철: 우리 모둠은 한 명당 평균 12권의 책을 읽었어.

영지: 모둠원이 5명이니까 읽은 책은 모두 ☐ 권이겠네.

18
래원: 우리 모둠이 모은 구슬은 80개이고 한 명당 평균 10개씩 모았어.

희민: 래원이네 모둠원은 ☐ 명이야.

6 단원
정답 22쪽

문장제 + 연산

19 김밥 가게에서 팔린 김밥 수를 나타낸 표입니다. ⑤일 동안 팔린 김밥 수의 평균이 30줄일 때 목요일에 판 김밥은 몇 줄일까요?

요일별 팔린 김밥 수

요일	월	화	수	목	금
김밥 수(줄)	28	30	32		25

평균 · 날수 · 4일 동안 팔린 김밥 수의 합

☐ × ☐ − ☐ = ☐

답 목요일에 판 김밥은 ☐ 줄입니다.

◆ 월요일부터 금요일까지의 TV 시청 시간의 평균이 40분 이하이면 주말에 영화를 볼 수 있습니다. TV 시청 시간의 평균을 구하고, 알맞은 말에 ○표 하세요.

20

소율이의 TV 시청 시간

요일	월	화	수	목	금
시간(분)	50	30	40	35	20

평균이 ☐ 분이므로 소율이는 주말에
영화를 볼 수 (있습니다 , 없습니다).

23

하준이의 TV 시청 시간

요일	월	화	수	목	금
시간(분)	45	65	25	50	15

평균이 ☐ 분이므로 하준이는 주말에
영화를 볼 수 (있습니다 , 없습니다).

21

도현이의 TV 시청 시간

요일	월	화	수	목	금
시간(분)	30	45	60	50	55

평균이 ☐ 분이므로 도현이는 주말에
영화를 볼 수 (있습니다 , 없습니다).

24

은서의 TV 시청 시간

요일	월	화	수	목	금
시간(분)	35	40	50	55	45

평균이 ☐ 분이므로 은서는 주말에
영화를 볼 수 (있습니다 , 없습니다).

22

다은이의 TV 시청 시간

요일	월	화	수	목	금
시간(분)	40	40	35	45	30

평균이 ☐ 분이므로 다은이는 주말에
영화를 볼 수 (있습니다 , 없습니다).

25

지후의 TV 시청 시간

요일	월	화	수	목	금
시간(분)	50	40	35	30	25

평균이 ☐ 분이므로 지후는 주말에
영화를 볼 수 (있습니다 , 없습니다).

실수한 것이 없는지 검토했나요?

예 , 아니요

37회 개념 일이 일어날 가능성

가능성은 어떠한 상황에서 특정한 일이 일어나길 기대할 수 있는 정도를 말합니다.

일이 일어날 가능성이 낮습니다. ←			일이 일어날 가능성이 높습니다. →	
불가능하다	~아닐 것 같다	반반이다	~일 것 같다	확실하다

일이 일어날 가능성을 수로 표현할 수 있습니다.

불가능하다	반반이다	확실하다
0	$\frac{1}{2}$	1

• 1이 짝수일 가능성: 불가능하다 → 0
• 3과 5의 곱이 15일 가능성: 확실하다 → 1

◆ 일이 일어날 가능성을 알맞게 표현한 곳에 ○표 하세요.

일	가능성		
	불가능하다	반반이다	확실하다
1 자연수에서 수 1개를 뽑으면 짝수일 것입니다.			
2 내일은 해가 동쪽에서 뜰 것입니다.			
3 내년 2월은 30일까지 있을 것입니다.			
4 주사위를 굴려 나온 눈의 수가 2의 배수일 것입니다.			
5 병아리가 자라면 토끼가 될 것입니다.			
6 1월 1일은 공휴일일 것입니다.			
7 내년 여름에는 눈이 올 것입니다.			
8 어린이날은 매년 5월에 있을 것입니다.			

◆ 회전판을 돌릴 때 화살이 노란색에 멈출 가능성을 수직선에 ↓로 표시하세요.

9

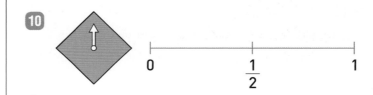

10

11

12

13

◆ 일이 일어날 가능성에 ○표 하세요.

14

> 주사위를 2번 던질 때 주사위
> 눈의 수가 모두 2일 가능성

불가능하다	~아닐 것 같다	반반이다	~일 것 같다	확실하다

15

> 100원짜리 동전만 들어 있는
> 상자에서 동전 한 개를 꺼낼 때
> 500원짜리 동전이 나올 가능성

불가능하다	~아닐 것 같다	반반이다	~일 것 같다	확실하다

16

> 은행에서 대기 번호표를 한 장 뽑을 때
> 대기 번호가 홀수일 가능성

불가능하다	~아닐 것 같다	반반이다	~일 것 같다	확실하다

17

> 주사위를 한 번 던질 때 주사위 눈의
> 수가 6의 약수로 나올 가능성

불가능하다	~아닐 것 같다	반반이다	~일 것 같다	확실하다

◆ 일이 일어날 가능성을 수로 표현하세요.

18

> 오늘이 4월 30일일 때

① 어제가 4월 29일이었을 가능성 →

② 내일이 4월 31일일 가능성 →

19

> 한 명의 아이가 태어났을 때

① 여자 아이일 가능성 →

② 남자 아이일 가능성 →

20

> 흰색 바둑돌만 들어 있는 상자에서
> 바둑돌을 꺼낼 때

① 꺼낸 바둑돌이 검은색일 가능성 →

② 꺼낸 바둑돌이 흰색일 가능성 →

21

> ♥, ♣, ♥, ♣, ♥, ♣ 의
> 카드 중에서 한 장을 뽑을 때

① 뽑은 카드가 ♥일 가능성 →

② 뽑은 카드가 ♣일 가능성 →

◆ 일이 일어날 가능성을 찾아 선으로 이어 보세요.

22

| ○× 문제에서 답은 ×일 것입니다. | | • | • | 불가능하다 |

	•
	반반이다

| 강아지는 알에서 태어날 것입니다. | • | • | 확실하다 |

23

| 5와 2의 곱은 10입니다. | • | • | 불가능하다 |

	•
	반반이다

| 동전을 던지면 숫자 면이 나옵니다. | • | • | 확실하다 |

◆ 일이 일어날 가능성을 수로 표현할 때 1인 것에 ○표 하세요.

24

동전 2개를 동시에 던지면 모두 그림 면이 나올 것입니다.	
오후 3시의 1시간 후는 오후 4시일 것입니다.	

25

주사위를 한 번 던져서 나온 눈의 수가 6 이하일 것입니다.	
탁구공만 들어 있는 상자에서 꺼낸 공은 야구공일 것입니다.	

26

매년 12월은 31일까지 있을 것입니다.	
흰색 공만 들어 있는 상자에서 꺼낸 공은 초록색일 것입니다.	

◆ 1부터 6까지의 눈이 그려진 주사위를 한 번 던질 때 일이 일어날 가능성을 보기 에서 찾아 기호를 쓰세요.

보기
ㄱ 불가능하다   ㄴ ~아닐 것 같다
ㄷ 반반이다   ㄹ ~일 것 같다
ㅁ 확실하다

27

| 주사위 눈의 수가 짝수로 나올 가능성 |

(   )

28

| 주사위 눈의 수가 1 초과일 가능성 |

(   )

29

| 주사위 눈의 수가 0이 나올 가능성 |

(   )

6
단원

정답
23쪽

문장제 + 연산

30 효주가 레몬 맛 사탕 20개가 들어 있는 상자에서 사탕 한 개를 꺼낼 때 꺼낸 사탕이 딸기 맛일 가능성을 수로 나타내세요.

불가능하다, 반반이다, 확실하다 중 알맞은 것 쓰기
↓

꺼낸 사탕이 딸기 맛일 가능성: [   ]

답 꺼낸 사탕이 딸기 맛일 가능성을 수로 나타내면 [   ]입니다.

일이 일어날 가능성이 더 높은 길을 지나가려고 합니다. 지나가야 하는 길을 선으로 알맞게 나타내세요.

31
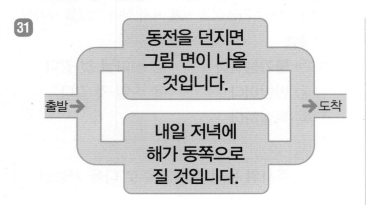

동전을 던지면 그림 면이 나올 것입니다.

내일 저녁에 해가 동쪽으로 질 것입니다.

34
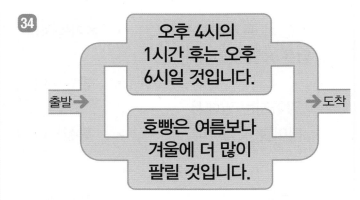

오후 4시의 1시간 후는 오후 6시일 것입니다.

호빵은 여름보다 겨울에 더 많이 팔릴 것입니다.

32
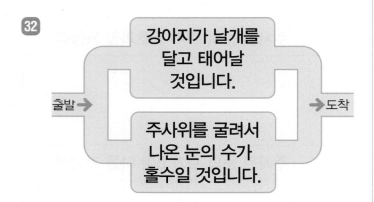

강아지가 날개를 달고 태어날 것입니다.

주사위를 굴려서 나온 눈의 수가 홀수일 것입니다.

35

토요일 다음 날은 일요일일 것입니다.

이번 달에 전학생이 올 것입니다.

33

4와 6을 더하면 10일 것입니다.

서울의 12월 최고 기온은 26℃일 것입니다.

36

개구리는 식물일 것입니다.

부산은 11월보다 8월에 비가 더 많이 올 것입니다.

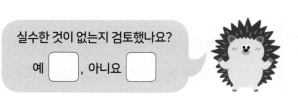
실수한 것이 없는지 검토했나요?
예 ☐ , 아니요 ☐

38회 테스트 6. 평균과 가능성

◆ 자료의 평균을 구하세요.

1 학생별 턱걸이 기록

이름	정연	신우	민석
기록(개)	7	5	6

턱걸이 기록의 평균: ☐ 개

2 학생별 몸무게

이름	현주	상호	희준
몸무게(kg)	43	38	42

몸무게의 평균: ☐ kg

3 지우의 타자 기록

회	1회	2회	3회	4회
기록(타)	140	200	150	110

타자 기록의 평균: ☐ 타

4 학생별 훌라후프를 돌린 횟수

이름	지은	세린	건우	명민
횟수(회)	40	33	25	30

훌라후프를 돌린 횟수의 평균: ☐ 회

5 요일별 빌린 책 수

요일	월	화	수	목	금
책 수(권)	72	65	36	84	58

빌린 책 수의 평균: ☐ 권

◆ ☐ 안에 알맞은 수를 써넣으세요.

6 학생별 먹은 귤 수

이름	연정	현지	민상	평균
귤 수(개)	8	6		7

① (먹은 귤 수의 합)

= ☐ × 3 = ☐ (개)

② (민상이가 먹은 귤 수)

= ☐ − ☐ = ☐ (개)
    └ 연정, 현지가 먹은 귤 수의 합

7 탁구 회원의 나이

이름	성진	초아	병수	수진	평균
나이(세)	15	14	10		13

① (탁구 회원 나이의 합)

= ☐ × 4 = ☐ (세)

② (수진이의 나이)

= ☐ − ☐ = ☐ (세)
    └ 성진, 초아, 병수의 나이의 합

8 학생별 운동 시간

이름	형석	재아	선규	성미	평균
시간(분)	50	35		55	45

① (운동 시간의 합)

= ☐ × 4 = ☐ (분)

② (선규의 운동 시간)

= ☐ − ☐ = ☐ (분)
    └ 형석, 재아, 성미의 운동 시간의 합

◆ 일이 일어날 가능성에 ○표 하세요.

9

계산기로 '2+4='을 누를 때 6이 나올 가능성				
불가능 하다	~아닐 것 같다	반반 이다	~일 것 같다	확실 하다

10

4장의 수 카드 1, 2, 3, 4 중 한 장을 뽑을 때 4의 약수를 뽑을 가능성				
불가능 하다	~아닐 것 같다	반반 이다	~일 것 같다	확실 하다

11

흰색과 검은색 바둑돌이 1개씩 들어 있는 상자에서 바둑돌 한 개를 꺼낼 때 흰색 바둑돌을 꺼낼 가능성				
불가능 하다	~아닐 것 같다	반반 이다	~일 것 같다	확실 하다

12

빨간색 색종이만 5장이 들어 있는 통에서 노란색 색종이를 꺼낼 가능성				
불가능 하다	~아닐 것 같다	반반 이다	~일 것 같다	확실 하다

◆ 일이 일어날 가능성을 수로 표현하세요.

13

이번 달이 10월일 때

① 지난 달이 9월이었을 가능성 →

② 다음달이 12월일 가능성 →

14

**1부터 6까지의 수가 적힌
주사위를 던질 때**

① 주사위의 수가 홀수일 가능성 →

② 주사위의 수가 짝수일 가능성 →

15

**1부터 9까지 적힌 번호표 중에서
한 장을 뽑을 때**

① 10을 뽑을 가능성 →

② 9 이하를 뽑을 가능성 →

16

**초콜릿과 사탕이 5개씩 들어 있는
봉지에서 1개를 꺼낼 때**

① 초콜릿을 꺼낼 가능성 →

② 사탕을 꺼낼 가능성 →

❖ 문장을 읽고 평균을 구하세요.

17 제기차기 4회의 기록의 합은 36개입니다.

(제기차기 기록의 평균)

= ☐ ÷ ☐ = ☐ (개)

18 6일 동안 테니스를 240분 쳤습니다.

(하루에 테니스를 친 시간의 평균)

= ☐ ÷ ☐ = ☐ (분)

19 다섯 종류의 나무 수의 합은 250그루입니다.

(종류별 나무 수의 평균)

= ☐ ÷ ☐ = ☐ (그루)

❖ ☐ 안에 알맞은 수를 써넣으세요.

20
민석: 우리 모둠은 줄넘기를 168번 했고 평균은 42번이야.

주영: 민석이네 모둠원은 ☐명이겠네.

21
지영: 우리 모둠은 한 명당 평균 60분씩 공부했어.

성훈: 모둠원이 5명이니까 공부 시간의 합은 ☐분이야.

22
태현: 우리 모둠이 모은 구슬은 49개이고 한 명당 평균 7개씩 모았어.

나연: 태현이네 모둠원은 ☐명이겠네.

❖ 일이 일어날 가능성을 찾아 선으로 이어 보세요.

23
올해 6학년인 형이 내년에 중학교에 입학할 것입니다.

계산기에 '7 × 0 ='을 누르면 7이 나올 것입니다.

•

•   •   •

확실하다   반반이다   불가능하다

24
동물원에 살아 있는 공룡이 있을 것입니다.

어떤 자연수를 뽑으면 짝수일 것입니다.

•   •

•   •   •

확실하다   반반이다   불가능하다

❖ 1부터 8까지 적힌 공이 통에 들어 있습니다. 공을 한 개 꺼낼 때 일이 일어날 가능성을 보기 에서 찾아 쓰세요.

보기
불가능하다   반반이다   확실하다

25
꺼낸 공이 노란색일 가능성

(   )

26
꺼낸 공에 적힌 수가 자연수일 가능성

(   )

문제를 읽고 답을 구하세요.

27 수아네 마을의 주별 재활용품 배출량을 나타낸 표입니다. 수아네 마을의 재활용품 배출량의 평균은 몇 t일까요?

재활용품 배출량

주	1주	2주	3주	4주
배출량(t)	7	9	8	12

☐ ÷ ☐ = ☐

답 재활용품 배출량의 평균은 ☐ t입니다.

28 지선이는 10일 동안 매일 책을 읽었습니다. 하루 평균 35분 동안 책을 읽었다면 지선이가 10일 동안 책을 읽은 시간은 모두 몇 분일까요?

☐ × ☐ = ☐

답 지선이가 10일 동안 책을 읽은 시간은 모두 ☐ 분입니다.

문제를 읽고 답을 구하세요.

29 어느 박물관의 입장객 수를 나타낸 표입니다. 5일 동안의 입장객 수의 평균이 42명일 때 금요일의 입장객은 몇 명일까요?

요일별 입장객 수

요일	월	화	수	목	금
입장객 수(명)	40	60	34	26	

☐ × ☐ − ☐ = ☐

답 금요일의 입장객은 ☐ 명입니다.

30 소율이가 1부터 20까지의 수 카드가 들어 있는 상자에서 카드를 한 장 꺼낼 때 카드의 수가 20 이하일 가능성을 수로 나타내세요.

카드의 수가 20 이하일 가능성: ☐

답 카드의 수가 20 이하일 가능성을 수로 나타내면 ☐ 입니다.

• 6단원 테스트 후 맞힌 개수에 따라 아래와 같이 공부하세요.

맞힌 개수	0~20개	21~26개	27~30개
공부 방법	평균과 가능성에 대한 이해가 부족해요. 35~37회를 다시 공부해요.	평균과 가능성에 대해 이해는 하고 있으나 좀 더 연습이 필요해요.	실수하지 않도록 집중하여 틀린 문제를 확인해요.

큐브 수학 연산

5·2

정답

동아출판

정답

007쪽 01회 이상과 이하

007쪽

1 이상
2 이상
3 이하
4 이하
5 이상, 이하

6 이상
7 30
8 이하
9 39
10 13, 17

008쪽

11 9, 6
12 12, 30, 15
13 5, 8
14 17, 25, 24
15 14, 22, 21.9
16 37, 39, 40
17 46, 51.4, 55

18 17 이상인 수
19 8 이하인 수
20 44 이하인 수
21 23 이상 26 이하인 수
22
23
24

009쪽

25 (○) ( )
26 (○) ( )
27 ( ) (○)
28 ㉡
29 ㉢
30 ㉠

31 16, 17, 18, 19
32 36, 37, 38, 39, 40
33 53, 54, 55
34 79, 80, 81
35 13, 10, 12 / 3

010쪽

36 ( ) (×) ( )
37 (×) ( ) ( )
38 ( ) ( ) (×)

011쪽 02회 초과와 미만

011쪽

1 초과
2 초과
3 미만
4 미만
5 초과, 미만

6 13
7 초과
8 25
9 미만
10 38, 42

012쪽

11 7, 10
12 15, 19, 23
13 9, 6
14 19, 17, 4
15 30, 17, 28
16 18.5, 20
17 39.8, 40, 41

18 29 초과인 수
19 30 초과인 수
20 51 미만인 수
21 66 초과 70 미만인 수
22
23
24

013쪽

25 30 초과인 수
26 47 초과인 수
27 65 초과인 수
28 14.8, 16, 17
29 34, 36
30 48, 54

31 4개
32 3개
33 5개
34 2개
35 1.8, 1.5, 1.9 / 3

014쪽

36 6000
37 7000
38 8000

39 6000
40 8000
41 9000

015쪽 03회 올림

015쪽

1   3⑧6̷, 390   (+1)

2   3 1④8̷, 3150   (+1)

3   ④5̷9̷, 500   (+1)

4   6①2̷7̷, 6200   (+1)

5   5①4̷8̷7̷, 52000   (+1)

6   ⑦6̷1̷, 8   (+1)

7   1 8 . ③7̷, 18.4   (+1)

8   4 6 . ④3̷6̷, 46.5   (+1)

9   1 5 . 2⑧4̷, 15.29   (+1)

10   2 3 . 4⑥7̷, 23.47   (+1)

016쪽

11   280, 300

12   810, 900

13   1500, 2000

14   2100, 3000

15   10000, 10000

16   14000, 20000

17   63800, 70000

18   0.2, 0.19

19   1, 0.7

20   4.1, 4.04

21   6, 5.6

22   8, 7.99

23   13, 12.7

24   28.6, 28.51

017쪽

25   (위에서부터) 620, 530

26   (위에서부터) 3800, 6400

27   (위에서부터) 2000, 7000

28   2.8

29   1.86

30   64

31   259

32   408

33   3001

34   6975

35   1640, 2000 / 2000

018쪽

36   21

37   33

38   3

39   9

40   38

019쪽 04회 버림

019쪽

1   5①2̷, 510

2   1 4⑥8̷, 1460

3   ⑧4̷3̷, 800

4   3①1̷9̷, 3100

5   ⑤2̷3̷7̷, 5000

6   ⑤. 4̷9̷, 5

7   6 . ⑨0̷3̷, 6.9

8   2 7 . ②6̷7̷, 27.2

9   4 . 6③8̷, 4.63

10   1 2 . 0②3̷, 12.02

020쪽

11   110, 100

12   380, 300

13   1600, 1000

14   2000, 2000

15   7020, 7000

16   52800, 50000

17   69000, 60000

18   0.2, 0.25

19   6.8, 6.86

20   9, 9.3

21   18.1, 18.1

22   25, 25.08

23   34, 34.99

24   49, 49.7

021쪽

25   200

26   1820

27   32000

28   은서

29   다은

30   소율

31
| 348을 버림하여 십의 자리까지 나타낸 수 |
| 385를 버림하여 백의 자리까지 나타낸 수 |

32
| 897을 버림하여 십의 자리까지 나타낸 수 |
| 913을 버림하여 백의 자리까지 나타낸 수 |

33
| 623을 버림하여 십의 자리까지 나타낸 수 |
| 635를 버림하여 백의 자리까지 나타낸 수 |

34
| 156을 버림하여 백의 자리까지 나타낸 수 |
| 139를 버림하여 십의 자리까지 나타낸 수 |

35   2648, 2640 / 2640

022쪽

36   9754, 9700

37   9862, 9860

38   8751, 8000

39   5432, 5430

40   6510, 6000

41   7221, 7200

42   4321, 4320

023쪽 05회 반올림

023쪽

1 1②5, 130
　└ 올림

2 ④7 6, 500
　└ 올림

3 1②3 9, 1200
　└ 버림

4 ②4 8 7, 2000
　└ 버림

5 ③5 0 3, 4000
　└ 올림

6 ③. 4 6, 3
　└ 버림

7 6 .⓪7 2, 6.1
　　　└ 올림

8 8 .③2, 8.3
　　　└ 버림

9 7 . 9⑤4, 7.95
　　　　└ 버림

10 1 5 . 6①7, 15.62
　　　　└ 올림

024쪽

11 150, 200

12 730, 700

13 2500, 2000

14 4000, 4000

15 9960, 10000

16 32000, 30000

17 68100, 70000

18 0.2, 0.17

19 5, 5.3

20 7.1, 7.13

21 9, 8.7

22 13.5, 13.45

23 32.9, 32.87

24 41, 40.72

025쪽

25 5080, 5100

26 3700, 4000

27 6250, 6000

28 3

29 5

30 6

31 (　)(○)

32 (○)(　)

33 (○)(　)

34 (　)(○)

35 407346, 410000
　 / 410000

026쪽

36 30

37 8000

38 1260

39 165

40 14800

41 9.6

027쪽 06회 1단원 테스트

027쪽

1 16, 10, 21

2 35, 27, 11

3 25, 40

4 39, 26, 33

5 31.4, 28, 35

6 53, 65

7 75.1, 80

8 17 이상인 수

9 50 미만인 수

10 58 이상 60 이하인 수

11 84 초과 88 미만인 수

12 ├──────────●──┼──┤
　 18　19　20　21　22　23　24　25

13 ├──┼──┼──○━━━━━━━┤
　 33　34　35　36　37　38　39　40

14 ├──●━━━━━━━━●──┤
　 33　34　35　36　37　38　39　40

028쪽

15 2100, 2000, 2000

16 4000, 3000, 4000

17 4760, 4750, 4760

18 20000, 10000, 20000

19 31000, 30000, 31000

20 68800, 68700, 68700

21 0.8, 0.7, 0.7

22 2.74, 2.73, 2.74

23 7, 6, 7

24 7.5, 7.4, 7.5

25 11.51, 11.5, 11.5

26 16, 15, 15

029쪽

27 (○)(　)

28 (　)(○)

29 (○)(　)

30 (　)(○)

31 4개

32 3개

33 5개

34 31.1

35 4.76

36 7.2

37 9.49

38 3174

39 4397

40 7821

030쪽

41 20, 25, 18 / 3

42 30, 31 / 2

43 2510, 3000 / 3000

44 1374, 1370 / 1370

07회 (진분수) × (자연수)

033쪽

1 3, 3

2 2, 6

3 4, 8

4 16 / $\frac{16}{3}$, $5\frac{1}{3}$

5 3, 3 / $\frac{14}{3}$, $4\frac{2}{3}$

6 3, 3 / $\frac{11}{3}$, $3\frac{2}{3}$

034쪽

7 ① $\frac{2}{3}$ ② $1\frac{2}{3}$

8 ① $1\frac{4}{5}$ ② $4\frac{1}{5}$

9 ① $5\frac{1}{4}$ ② $6\frac{9}{16}$

10 ① $1\frac{11}{21}$ ② $2\frac{2}{3}$

11 ① $6\frac{2}{3}$ ② $7\frac{1}{2}$

12 ① 3 ② 6

13 ① $\frac{3}{4}$ ② $\frac{3}{8}$

14 ① $1\frac{1}{7}$ ② $1\frac{9}{11}$

15 ① $1\frac{1}{3}$ ② $6\frac{2}{9}$

16 ① $7\frac{7}{8}$ ② $4\frac{1}{5}$

17 ① $9\frac{3}{5}$ ② $2\frac{2}{3}$

18 ① $13\frac{1}{3}$ ② $6\frac{1}{4}$

035쪽

19 $\frac{3}{7}$, $\frac{5}{7}$

20 $2\frac{2}{3}$, 4

21 $2\frac{2}{15}$, $2\frac{2}{5}$

22 $1\frac{1}{3}$

23 $3\frac{3}{11}$

24 $3\frac{1}{9}$

25 $4\frac{4}{13}$

26 $\frac{3}{4}$

27 $\frac{10}{11}$

28 $2\frac{7}{10}$

29 $\frac{2}{5}$, 6, $2\frac{2}{5}$ / $2\frac{2}{5}$

036쪽

30 $3\frac{1}{5}$

31 $2\frac{6}{11}$

32 $3\frac{8}{9}$

33 $3\frac{17}{21}$

34 $3\frac{3}{5}$

35 $3\frac{1}{4}$

08회 (대분수) × (자연수)

037쪽

1 7 / 21, $4\frac{1}{5}$

2 11, 4 / 44, $14\frac{2}{3}$

3 27, 3 / 81, $16\frac{1}{5}$

4 15 / 45, $11\frac{1}{4}$

5 2 / 6, $3\frac{6}{7}$

6 4 / 20 / 2, $17\frac{2}{9}$

7 5, 3, 1 / 3, $10\frac{3}{4}$

038쪽

8 ① $4\frac{1}{2}$ ② $7\frac{1}{2}$

9 ① $5\frac{3}{5}$ ② $9\frac{4}{5}$

10 ① $9\frac{1}{6}$ ② $27\frac{1}{2}$

11 ① $9\frac{7}{9}$ ② $14\frac{2}{3}$

12 ① $27\frac{1}{3}$ ② $30\frac{3}{4}$

13 ① $37\frac{1}{7}$ ② $97\frac{1}{2}$

14 ① $2\frac{2}{3}$ ② $9\frac{1}{3}$

15 ① $7\frac{1}{5}$ ② $9\frac{3}{4}$

16 ① $5\frac{3}{7}$ ② $17\frac{5}{7}$

17 ① $7\frac{1}{5}$ ② $13\frac{1}{3}$

18 ① $15\frac{1}{3}$ ② $33\frac{3}{4}$

19 ① $38\frac{1}{2}$ ② 54

039쪽

20 (위에서부터) $8\frac{4}{9}$, $6\frac{4}{5}$

21 (위에서부터) $7\frac{1}{5}$, $3\frac{1}{4}$

22 (위에서부터) $18\frac{3}{4}$, 33

23 $10\frac{1}{2}$

24 $7\frac{2}{3}$

25 21

26 <

27 >

28 >

29 >

30 <

31 $1\frac{3}{5}$, 3, $4\frac{4}{5}$ / $4\frac{4}{5}$

040쪽

32 $341\frac{1}{4}$

33 178

34 364

35 $462\frac{1}{2}$

36 624

041쪽 09회 (자연수)×(진분수)

041쪽

1 $\frac{2}{5}$, $\frac{8}{5}$, $1\frac{3}{5}$

2 $\frac{4}{3}$, $\frac{8}{3}$, $2\frac{2}{3}$

3 $\frac{5}{4}$, $\frac{15}{4}$, $3\frac{3}{4}$

4 7 / 7, $3\frac{1}{2}$

5 4, 4 / 15, $3\frac{3}{4}$

6 2, 2, 10 / 20, $6\frac{2}{3}$

042쪽

7 ① $\frac{3}{4}$　② $\frac{3}{5}$

8 ① $2\frac{2}{7}$　② $3\frac{1}{9}$

9 ① $4\frac{4}{5}$　② 7

10 ① $7\frac{1}{2}$　② $5\frac{5}{9}$

11 ① $2\frac{2}{11}$　② 2

12 ① $16\frac{4}{5}$　② 18

13 ① $5\frac{1}{3}$　② $6\frac{2}{3}$

14 ① $3\frac{3}{4}$　② $5\frac{1}{4}$

15 ① $7\frac{1}{2}$　② $9\frac{1}{6}$

16 ① $5\frac{1}{4}$　② $9\frac{5}{8}$

17 ① $2\frac{7}{10}$　② $7\frac{1}{2}$

18 ① $3\frac{1}{3}$　② $5\frac{5}{6}$

043쪽

19 (위에서부터) $4\frac{2}{3}$, $4\frac{1}{5}$

20 (위에서부터) $2\frac{2}{3}$, $7\frac{1}{2}$

21 $1\frac{5}{7}$

22 $6\frac{2}{3}$

23 $4\frac{5}{7}$

24 ㉡

25 ㉡

26 ㉠

27 ㉡

28 15, $\frac{5}{6}$, $12\frac{1}{2}$ / $12\frac{1}{2}$

044쪽

29 $2\frac{2}{3}$

30 $4\frac{1}{2}$

31 $4\frac{1}{2}$

32 $4\frac{4}{7}$

33 $4\frac{1}{11}$

045쪽 10회 (자연수)×(대분수)

045쪽

1 13 / 39, $7\frac{4}{5}$

2 11 / 44, $4\frac{8}{9}$

3 3, 13 / 39, $9\frac{3}{4}$

4 3, 17 / 51, $25\frac{1}{2}$

5 3 / 6, $4\frac{6}{7}$

6 1 / 5 / 2, $21\frac{2}{3}$

7 2, 4, 1 / 4 / 1, $17\frac{1}{3}$

046쪽

8 ① $4\frac{1}{2}$ ② $6\frac{3}{4}$

9 ① $9\frac{1}{2}$ ② $9\frac{7}{9}$

10 ① $6\frac{1}{2}$ ② $13\frac{1}{3}$

11 ① $14\frac{2}{5}$ ② $35\frac{1}{3}$

12 ① $19\frac{1}{2}$ ② 55

13 ① $28\frac{1}{2}$ ② $65\frac{1}{4}$

14 ① 8 ② $9\frac{1}{3}$

15 ① $13\frac{3}{4}$ ② $15\frac{1}{8}$

16 ① $5\frac{1}{7}$ ② 18

17 ① $17\frac{3}{5}$ ② 22

18 ① $11\frac{1}{3}$ ② $22\frac{2}{3}$

19 ① $6\frac{1}{2}$ ② $32\frac{1}{2}$

047쪽

20 22, $21\frac{2}{3}$

21 $11\frac{4}{7}$, $31\frac{1}{2}$

22 ① $7\frac{1}{3}$ ② $15\frac{2}{5}$

23 ① 19 ② $12\frac{1}{7}$

24 ① $4\frac{1}{5}$ ② $16\frac{2}{3}$

25 (△)( )

26 ( )(△)

27 ( )(△)

28 (△)( )

29 6, $1\frac{7}{8}$, $11\frac{1}{4}$ / $11\frac{1}{4}$

048쪽

30 26

31 6

32 $11\frac{2}{3}$

33 $7\frac{1}{3}$

34 $9\frac{1}{3}$

35 $28\frac{1}{2}$

36 32

37 $14\frac{2}{3}$

❖ 지피지기백전불태

049쪽 11회 (단위분수)×(단위분수)

049쪽

1 2, 3, $\frac{1}{6}$

2 4, 5, $\frac{1}{20}$

3 6, 2, $\frac{1}{12}$

4 8, 4, $\frac{1}{32}$

5 4, 9, $\frac{1}{36}$

6 6, 10, $\frac{1}{60}$

7 7, 7, $\frac{1}{49}$

8 9, 8, $\frac{1}{72}$

9 11, 3, $\frac{1}{33}$

10 16, 5, $\frac{1}{80}$

050쪽

11 ① $\frac{1}{4}$ ② $\frac{1}{8}$

12 ① $\frac{1}{9}$ ② $\frac{1}{24}$

13 ① $\frac{1}{25}$ ② $\frac{1}{30}$

14 ① $\frac{1}{42}$ ② $\frac{1}{54}$

15 ① $\frac{1}{21}$ ② $\frac{1}{56}$

16 ① $\frac{1}{90}$ ② $\frac{1}{100}$

17 ① $\frac{1}{18}$ ② $\frac{1}{39}$

18 ① $\frac{1}{20}$ ② $\frac{1}{28}$

19 ① $\frac{1}{40}$ ② $\frac{1}{45}$

20 ① $\frac{1}{48}$ ② $\frac{1}{64}$

21 ① $\frac{1}{77}$ ② $\frac{1}{99}$

22 ① $\frac{1}{28}$ ② $\frac{1}{56}$

051쪽

23

24

25 $\frac{1}{12}$, $\frac{1}{24}$

26 $\frac{1}{8}$, $\frac{1}{56}$

27 $\frac{1}{14}$, $\frac{1}{28}$

28 $\frac{1}{16}$

29 $\frac{1}{50}$

30 $\frac{1}{39}$

31 $\frac{1}{2}$, $\frac{1}{7}$, $\frac{1}{14}$ / $\frac{1}{14}$

052쪽

③② $\dfrac{1}{60}$　　③⑥ $\dfrac{1}{40}$

③③ $\dfrac{1}{21}$　　③⑦ $\dfrac{1}{15}$

③④ $\dfrac{1}{36}$　　③⑧ $\dfrac{1}{48}$

③⑤ $\dfrac{1}{40}$　　③⑨ $\dfrac{1}{63}$

053쪽 12회 (진분수) × (진분수)

053쪽

① (분자부터) 2, 3, $\dfrac{2}{9}$　　⑤ 4, 1, 4, $\dfrac{4}{45}$

② (분자부터) 5, 4, $\dfrac{5}{24}$　　⑥ 2, 4, 2, 4, $\dfrac{1}{8}$

③ (분자부터) 2, 7, $\dfrac{8}{35}$　　⑦ 4 / 4, 8, $\dfrac{5}{32}$

④ (분자부터) 3, 8, $\dfrac{21}{40}$　　⑧ 2, 1 / 2, 1, $\dfrac{2}{5}$

054쪽

⑨ ① $\dfrac{4}{15}$ ② $\dfrac{4}{21}$　　⑮ ① $\dfrac{5}{28}$ ② $\dfrac{25}{63}$

⑩ ① $\dfrac{9}{32}$ ② $\dfrac{15}{28}$　　⑯ ① $\dfrac{5}{8}$ ② $\dfrac{3}{28}$

⑪ ① $\dfrac{7}{25}$ ② $\dfrac{6}{55}$　　⑰ ① $\dfrac{21}{40}$ ② $\dfrac{1}{4}$

⑫ ① $\dfrac{25}{54}$ ② $\dfrac{7}{18}$　　⑱ ① $\dfrac{24}{35}$ ② $\dfrac{8}{11}$

⑬ ① $\dfrac{8}{21}$ ② $\dfrac{10}{21}$　　⑲ ① $\dfrac{20}{63}$ ② $\dfrac{2}{15}$

⑭ ① $\dfrac{1}{3}$ ② $\dfrac{7}{30}$　　⑳ ① $\dfrac{11}{15}$ ② $\dfrac{11}{28}$

055쪽

㉑ $\dfrac{8}{15}$, $\dfrac{5}{9}$　　㉖ $\dfrac{2}{5}\times\dfrac{1}{3}$ $\boxed{\dfrac{3}{4}\times\dfrac{4}{27}}$ $\dfrac{4}{9}\times\dfrac{3}{10}$

㉒ $\dfrac{3}{28}$, $\dfrac{1}{6}$　　㉗ $\dfrac{1}{4}\times\dfrac{5}{9}$ $\dfrac{1}{6}\times\dfrac{5}{6}$ $\boxed{\dfrac{5}{7}\times\dfrac{1}{4}}$

㉓ $\dfrac{2}{5}$, $\dfrac{1}{4}$　　㉘ $\dfrac{5}{6}\times\dfrac{3}{7}$ $\boxed{\dfrac{4}{7}\times\dfrac{7}{8}}$ $\dfrac{9}{14}\times\dfrac{5}{9}$

㉔ $\dfrac{25}{42}$, $\dfrac{5}{12}$　　㉙ $\boxed{\dfrac{8}{25}\times\dfrac{15}{16}}$ $\dfrac{9}{10}\times\dfrac{2}{3}$ $\dfrac{3}{4}\times\dfrac{4}{5}$

㉕ $\dfrac{7}{16}$, $\dfrac{7}{36}$　　㉚ $\dfrac{9}{10}$, $\dfrac{4}{5}$, $\dfrac{18}{25}$ / $\dfrac{18}{25}$

056쪽

③① $\dfrac{3}{125}$　　③③ $\dfrac{15}{64}$

③② $\dfrac{3}{8}$　　③④ $\dfrac{1}{15}$

　　　　③⑤ $\dfrac{15}{32}$

057쪽 13회 (대분수) × (대분수)

057쪽

① 7, 4 / 28, $1\dfrac{13}{15}$

② 11, 3 / 33, $4\dfrac{1}{8}$

③ 18, 13 / 234, 39, $5\dfrac{4}{7}$

④ 13, 20 / 260, 65, $7\dfrac{2}{9}$

⑤ 11, 33 / 121, $2\dfrac{25}{48}$

⑥ 14, 112 / 238, $5\dfrac{13}{45}$

⑦ 38, 19 / 171, $6\dfrac{3}{28}$

058쪽

8 ① $2\frac{1}{3}$　② $3\frac{3}{20}$

9 ① $3\frac{3}{8}$　② $3\frac{12}{35}$

10 ① $1\frac{23}{32}$　② $4\frac{8}{9}$

11 ① $2\frac{14}{15}$　② $3\frac{1}{5}$

12 ① $5\frac{7}{9}$　② $8\frac{2}{3}$

13 ① $10\frac{4}{5}$　② $15\frac{3}{7}$

14 ① 3　② $2\frac{21}{32}$

15 ① $1\frac{17}{28}$　② $2\frac{34}{63}$

16 ① $1\frac{2}{9}$　② $5\frac{19}{60}$

17 ① $3\frac{9}{16}$　② $3\frac{1}{6}$

18 ① $4\frac{17}{27}$　② $20\frac{5}{6}$

19 ① $6\frac{3}{5}$　② $13\frac{1}{2}$

059쪽

20 $5\frac{2}{3}$, $4\frac{8}{15}$

21 $3\frac{2}{5}$, $8\frac{3}{4}$

22 $9\frac{1}{2}$, $18\frac{7}{10}$

23 ① $5\frac{1}{4}$　② 3

24 ① $16\frac{1}{5}$　② $11\frac{2}{3}$

25 ① $6\frac{2}{3}$　② 12

26 ㉠

27 ㉠

28 ㉡

29 ㉠

30 $5\frac{1}{4}$, $2\frac{2}{9}$, $11\frac{2}{3}$ / $11\frac{2}{3}$

060쪽

31 $9\frac{5}{8}$

32 4

33 $6\frac{6}{7}$

34 $5\frac{4}{7}$

35 $5\frac{5}{21}$

36 $6\frac{1}{4}$

◆ CHERRY

061쪽 14회 세 분수의 곱셈

061쪽

1 35, $\frac{35}{192}$

2 20, 9, $\frac{20}{99}$

3 1 / 1, 6, $\frac{1}{54}$

4 1 / 5, $\frac{20}{63}$

5 420, 2

6 192, 64

7 1, 3 / $\frac{33}{80}$

8 (분자부터) 5, 5, 3, 3 / $\frac{25}{81}$

062쪽

9 ① $\frac{1}{4}$　② $\frac{4}{81}$

10 ① $\frac{9}{40}$　② $\frac{2}{45}$

11 ① $\frac{5}{16}$　② $\frac{5}{81}$

12 ① $\frac{3}{14}$　② $\frac{8}{105}$

13 ① $\frac{2}{3}$　② $\frac{55}{108}$

14 ① $\frac{9}{32}$　② $\frac{5}{32}$

15 ① $\frac{1}{30}$　② $\frac{1}{24}$

16 ① $\frac{4}{11}$　② $\frac{8}{27}$

17 ① $\frac{1}{63}$　② $\frac{1}{16}$

18 ① $\frac{10}{189}$　② $\frac{1}{24}$

19 ① $\frac{3}{16}$　② $\frac{25}{56}$

20 ① $1\frac{3}{25}$　② $1\frac{11}{80}$

063쪽

21 $\frac{1}{6}$

22 $\frac{10}{33}$

23 1

24 $\frac{5}{42}$

25 $\frac{21}{64}$

26 $\frac{14}{27}$

27 >

28 <

29 >

30 <

31 $\frac{1}{5}$, $\frac{3}{4}$, $\frac{1}{3}$, $\frac{1}{20}$ / $\frac{1}{20}$

064쪽

32 (왼쪽에서부터) $\frac{7}{192}$, $\frac{3}{25}$, $\frac{9}{32}$

33 (왼쪽에서부터) $\frac{11}{27}$, $\frac{1}{4}$, $3\frac{1}{2}$

34 (왼쪽에서부터) $\frac{56}{135}$, $\frac{9}{40}$, $\frac{7}{24}$

35 (왼쪽에서부터) $34\frac{2}{3}$, $5\frac{1}{7}$, $32\frac{1}{2}$

065쪽 15회 2단원 테스트

065쪽

1 ① $\frac{1}{2}$ ② $1\frac{1}{4}$

2 ① $5\frac{5}{6}$ ② $8\frac{1}{3}$

3 ① $\frac{2}{3}$ ② $3\frac{1}{3}$

4 ① $6\frac{2}{3}$ ② $10\frac{2}{3}$

5 ① $9\frac{3}{5}$ ② 24

6 ① $10\frac{1}{8}$ ② $20\frac{1}{4}$

7 ① $3\frac{1}{3}$ ② $7\frac{1}{3}$

8 ① 6 ② $6\frac{3}{4}$

9 ① $5\frac{5}{8}$ ② $7\frac{1}{2}$

10 ① 9 ② $11\frac{4}{7}$

11 ① $4\frac{8}{9}$ ② $36\frac{2}{3}$

12 ① $19\frac{1}{2}$ ② 26

066쪽

13 ① $\frac{1}{14}$ ② $\frac{1}{22}$

14 ① $\frac{1}{45}$ ② $\frac{1}{65}$

15 ① $\frac{1}{36}$ ② $\frac{1}{48}$

16 ① $\frac{1}{4}$ ② $\frac{2}{27}$

17 ① $\frac{12}{35}$ ② $\frac{7}{10}$

18 ① $\frac{3}{16}$ ② $\frac{15}{26}$

19 ① $5\frac{1}{4}$ ② $4\frac{1}{8}$

20 ① 2 ② $4\frac{1}{12}$

21 ① $6\frac{2}{5}$ ② 3

22 ① $\frac{5}{16}$ ② $\frac{1}{12}$

23 ① $\frac{3}{80}$ ② $\frac{7}{27}$

24 ① $\frac{5}{42}$ ② $\frac{3}{14}$

067쪽

25 $1\frac{7}{9}$, $1\frac{4}{11}$

26 $7\frac{1}{3}$, 7

27 $3\frac{1}{5}$

28 $4\frac{9}{10}$

29 $4\frac{7}{8}$

30 $18\frac{2}{3}$

31 $\frac{35}{96}$

32 $\frac{1}{6}$

33 $\frac{3}{64}$

34 $\frac{25}{54}$

35 $>$

36 $<$

37 $<$

38 $>$

068쪽

39 $2\frac{1}{2}$, 5, $12\frac{1}{2}$ / $12\frac{1}{2}$

40 16, $\frac{3}{8}$, 6 / 6

41 $\frac{3}{7}$, $\frac{2}{5}$, $\frac{6}{35}$ / $\frac{6}{35}$

42 $3\frac{3}{4}$, $1\frac{2}{3}$, $6\frac{1}{4}$ / $6\frac{1}{4}$

071쪽 16회 도형의 합동

071쪽

1 다

2 나

3 다

4 가

5 점 ㄹ, 변 ㄹㅁ, 각 ㄹㅁㅂ

6 점 ㅇ, 변 ㅁㅂ, 각 ㅁㅂㅅ

7 점 ㅁ, 변 ㅂㄹ, 각 ㅁㄹㅂ

072쪽 ※ 위에서부터 채점하세요.

8 6, 7

9 12, 9

10 14, 7

11 5, 2

12 6, 10

13 50, 70

14 120, 15

15 115, 40

16 95, 100

17 110, 55

073쪽

18 ㉡

19 ㉠

20 ㉢

21 예

22 예

23 예

24 15 cm

25 25 cm

26 34 cm

27 23, 5, 10, 8 / 8

074쪽

28 예

29 예

30 예

31 예

32 예

075쪽 17회 선대칭도형

075쪽

1
(○)   ( )

5 점 ㅂ, 변 ㄹㅁ, 각 ㄷㅂㅁ

6 점 ㅁ, 변 ㅂㅅ, 각 ㅅㅂㅁ

7 점 ㅁ, 변 ㄷㅁ, 각 ㄷㅁㄹ

2
( )   (○)

3
( )   (○)

4
(○)   ( )

076쪽 ※ 위에서부터 채점하세요.

8 9, 4

9 10, 8

10 9, 5

11 7, 10

12 11, 4

13 50, 40

14 75, 120

15 60, 120

16 50, 70

17 90, 130

077쪽

18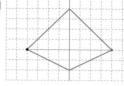

19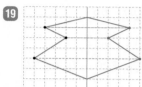

20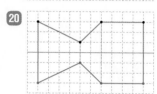

21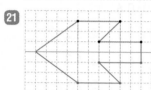

22 4개
23 2개
24 1개
25 5개
26 15, 9, 48 / 48

078쪽

27 민철
28 지호
29 로운
30 도윤

 079쪽 18회 점대칭도형

079쪽

1 ( ) (○)

2  ( ) (○)

3  (○) ( )

4 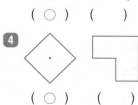 (○) ( )

5 점 ㄹ, 변 ㅁㅂ, 각 ㄱㄴㄷ
6 점 ㄴ, 변 ㅂㄱ, 각 ㅁㅂㄱ
7 점 ㄷ, 변 ㄹㄱ, 각 ㄹㄱㄴ

080쪽 ※ 위에서부터 채점하세요.

8 10, 4
9 9, 13
10 5, 4
11 5, 3
12 2, 15
13 115, 85
14 50, 130
15 70, 30
16 40, 60
17 125, 105

081쪽

18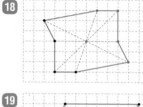

19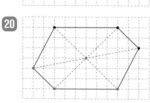

20

21

22 X
23 O
24 N
25 H
26 Z
27 1

082쪽

28 ( ) (○)
29 ( ) (○)
30 (○) ( )
31 ( ) (○)
32 ( ) (○)
33 (○) ( )

083쪽 19회 3단원 테스트

083쪽 ※ 위에서부터 채점하세요.

1. 8, 3
2. 8, 17
3. 6, 2
4. 3, 8
5. 12, 9

6. 60, 30
7. 130, 15
8. 30, 80
9. 110, 95
10. 45, 70

084쪽 ※ 위에서부터 채점하세요.

11. 3, 2
12. 11, 9
13. 10, 8
14. 70, 110
15. 30, 95

16. 6, 9
17. 8, 6
18. 140, 110
19. 90, 30
20. 80, 120

085쪽

21. 예
22. 예
23. 예

24. 2개
25. 1개
26. 6개

27. ㄹ
28. ㅁ
29. ㅐ
30. ㅡ
31. 17 cm
32. 31 cm
33. 36 cm

086쪽

34. 합동 / 가
35. 30, 5, 12, 13 / 13

36. 4, 7, 1, 24 / 24
37. ㅂ, 4

089쪽 20회 (1보다 작은 소수) × (자연수)

089쪽

1. 0.4, 0.4 / 1.2
2. 0.7, 0.7 / 2.8
3. 0.9, 0.9 / 4.5
4. 0.12, 0.12 / 0.48
5. 0.46, 0.46 / 1.38

6. 27 / 2.7
7. 102 / 10.2
8. 72 / 0.72
9. 312 / 3.12
10. 156, 520, 676 / 6.76

090쪽

11. ① 0.4 ② 1.8
12. ① 2.8 ② 8.4
13. ① 2.4 ② 4.8
14. ① 0.98 ② 1.12
15. ① 2.52 ② 3.92
16. ① 7.92 ② 17.64

17. ① 0.6 ② 2.1
18. ① 1.2 ② 3.2
19. ① 6.4 ② 4.8
20. ① 16.1 ② 20.7
21. ① 0.18 ② 0.32
22. ① 2.3 ② 1.9
23. ① 2.31 ② 3.15
24. ① 2.97 ② 7.48

091쪽

25. 2.4, 1.24
26. 1.5, 2.15
27. 4.2, 0.9
28. ① 0.6 ② 4.64
29. ① 0.95 ② 6.48
30. ① 7.8 ② 9.84

31. ㉠
32. ㉡
33. ㉢
34. ㉠
35. ㉠
36. 0.25, 3, 0.75 / 0.75

092쪽

37. 1.15
38. 2.8

39. 0.34
40. 1.04
41. 2.56

093쪽　21회 (1보다 큰 소수) × (자연수)

093쪽

1. 25, 125, 12.5
2. 52, 572, 57.2
3. 67, 268, 26.8
4. 131, 917, 9.17
5. 419, 2095, 20.95
6. 104 / 10.4
7. 93, 620, 713 / 71.3
8. 1104, 5520, 6624 / 66.24
9. 2612, 6530, 9142 / 91.42

094쪽

10. ① 2.4　② 8.4
11. ① 10.8　② 13.5
12. ① 30.4　② 53.2
13. ① 2.62　② 6.55
14. ① 14.76　② 22.14
15. ① 21.15　② 54.99
16. ① 5.4　② 8.1
17. ① 14.4　② 28.8
18. ① 17.5　② 29.5
19. ① 27.2　② 74.8
20. ① 3.48　② 4.16
21. ① 22.98　② 37.32
22. ① 56.54　② 77.99
23. ① 23.73　② 93.45

095쪽

24.
25.
26. 5.2, 15.6
27. 7.2, 36
28. 6.06, 24.24
29. <
30. >
31. <
32. >
33. >
34. 1.4, 4, 5.6 / 5.6

096쪽

35. 69.5
36. 20.16
37. 27.42
38. 6.4
39. 73.8
40. 4.29
41. 117.6

097쪽　22회 (자연수) × (1보다 작은 소수)

097쪽

1. 42, 4.2
2. 95, 9.5
3. 28, 0.28
4. 672, 6.72
5. 24 / 2.4
6. 174 / 17.4
7. 32 / 0.32
8. 287 / 2.87
9. 192, 960, 1152 / 11.52

098쪽

10. ① 1.2　② 3.6
11. ① 3.2　② 7.2
12. ① 8　② 11.2
13. ① 0.06　② 0.08
14. ① 1.08　② 3.06
15. ① 7.14　② 17.34
16. ① 0.9　② 2.7
17. ① 3.5　② 6.3
18. ① 9.6　② 20.8
19. ① 12.6　② 33.3
20. ① 0.98　② 1.26
21. ① 1　② 4.5
22. ① 4.16　② 16.32
23. ① 3.72　② 15.5

099쪽

24. 4.9, 4.5
25. 3.2, 2.6
26. 2.34, 1.56
27. ① 4.8　② 1.47
28. ① 5.7　② 9
29. ① 1.76　② 22.8

30. | 4×0.6 | 6×0.3 | 8×0.3 |
31. | 7×0.3 | 9×0.4 | 6×0.6 |
32. | 6×0.08 | 12×0.04 | 8×0.11 |
33. | 16×0.4 | 8×0.8 | 2×0.32 |
34. | 8×0.42 | 24×0.15 | 18×0.2 |
35. 65, 0.7, 45.5 / 45.5

100쪽

36 41.3

37 57.51

38 40.5

39 46.06

40 55.25

104쪽

36 28.8

37 33.5

38 12.4

39 3.48

40 16.2

41 2.58

101쪽 23회 (자연수) × (1보다 큰 소수)

101쪽

1 16, 48, 4.8

2 42, 168, 16.8

3 69, 828, 82.8

4 185, 925, 9.25

5 317, 2536, 25.36

6 36, 120, 156 / 15.6

7 117, 520, 637 / 63.7

8 98, 700, 798 / 79.8

9 46, 230, 6900, 7176 / 71.76

105쪽 24회 (1보다 작은 소수) × (1보다 작은 소수)

105쪽

1 4, 7, 28, 0.28

2 6, 9, 54, 0.054

3 9, 54, 486, 0.486

4 5, 5, 25, 0.025

5 18, 11, 198, 0.0198

6 24, $\frac{1}{100}$, 0.24

7 126, $\frac{1}{1000}$, 0.126

8 64, $\frac{1}{1000}$, 0.064

9 336, $\frac{1}{1000}$, 0.336

102쪽

10 ① 6.9 ② 13.5

11 ① 23.8 ② 64.6

12 ① 57.6 ② 97.2

13 ① 2.06 ② 19.08

14 ① 37.44 ② 47.88

15 ① 24.61 ② 50.37

16 ① 7.2 ② 8.4

17 ① 7.5 ② 20

18 ① 50.6 ② 133.4

19 ① 29.6 ② 118.4

20 ① 2.26 ② 5.65

21 ① 23.49 ② 91.35

22 ① 36.48 ② 69.92

23 ① 89.55 ② 185.07

106쪽

10 ① 14, 0.14 ② 16, 0.16

11 ① 24, 0.24 ② 54, 0.54

12 ① 55, 0.055 ② 85, 0.085

13 ① 42, 0.042 ② 84, 0.084

14 ① 56, 0.056 ② 252, 0.252

15 ① 165, 0.165 ② 264, 0.264

16 ① 224, 0.224 ② 392, 0.392

17 ① 0.09 ② 0.12

18 ① 0.08 ② 0.32

19 ① 0.112 ② 0.294

20 ① 0.522 ② 0.549

21 ① 0.072 ② 0.084

22 ① 0.081 ② 0.216

23 ① 0.155 ② 0.186

24 ① 0.0816 ② 0.2064

103쪽

24 (위에서부터) 16.8, 7.2

25 (위에서부터) 15.3, 4.08

26 (위에서부터) 266.5, 58.5

27 23.8

28 18.2

29 5.85

30 62.1

31 ㉠

32 ㉡

33 ㉠

34 ㉡

35 8, 3.2, 25.6 / 25.6

107쪽

㉕ 0.08, 0.14, 0.16

㉖ 0.136, 0.232, 0.464

㉗ 0.102, 0.153, 0.3128

㉘ 0.09, 0.15

㉙ 0.288, 0.612

㉚ 0.148, 0.0592

㉛ 0.18

㉜ 0.42

㉝ 0.225

㉞ 0.296

㉟ 0.7, 0.86, 0.602 / 0.602

108쪽

㊱ 0.24

㊲ 0.045

㊳ 0.144

㊴ 0.18

㊵ 0.574

㊶ 0.26

◆ 영국

111쪽

㉔ 9.45

㉕ 21.24

㉖ 8.456

㉗ 14.64

㉘ 6.708

㉙ 13.05

㉚ 3.36

㉛ 7.68

㉜ 14.742

㉝ 22.26

㉞ 3.5, 1.5, 5.25 / 5.25

109쪽 25회 (1보다 큰 소수)×(1보다 큰 소수)

109쪽

❶ 13, 19, 247, 2.47

❷ 18, 34, 612, 6.12

❸ 26, 203, 5278, 5.278

❹ 37, 265, 9805, 9.805

❺ 494, 18, 8892, 8.892

❻ 64, 800, 864
/ $\dfrac{1}{100}$ / 8.64

❼ 162, 810, 972
/ $\dfrac{1}{100}$ / 9.72

❽ 209, 8360, 8569
/ $\dfrac{1}{1000}$ / 8.569

❾ 1182, 7880, 9062
/ $\dfrac{1}{1000}$ / 9.062

110쪽

❿ ① 2.21 ② 5.46

⓫ ① 6.75 ② 8.37

⓬ ① 3.944 ② 10.37

⓭ ① 21.648 ② 38.212

⓮ ① 4.752 ② 11.286

⓯ ① 9.156 ② 14.606

⓰ ① 2.88 ② 5.76

⓱ ① 8.96 ② 11.48

⓲ ① 8 ② 12

⓳ ① 1.495 ② 5.175

⓴ ① 3.038 ② 11.284

㉑ ① 2.424 ② 13.176

㉒ ① 10.476 ② 11.7

㉓ ① 21.338 ② 28.294

112쪽

㉟ 14.07

㊱ 51.66

㊲ 4.464

㊳ 28.91

㊴ 34.068

㊵ 3.91

㊶ 19.76

㊷ 16.59

㊸ 4.104

㊹ 13.524

◆ 60, 60

113쪽 26회 곱의 소수점의 위치

113쪽

❶ 3.1 , 3.1 0 , 3.1 0 0

❷ 5.2 7, 5.2 7 , 5.2 7 0

❸ 1 4.8.1 , 1 4.8 1 , 1 4.8 1 0

❹ 5 7.4 , 5 7.4 0 , 5 7.4 0 0

❺ 0.9 , 0.0 9 , 0.0 0 9

❻ 2.3 , 0.2 3 , 0.0 2 3

❼ 3 4.8 , 3.4 8 , 0.3 4 8

❽ 6 0.5 , 6.0 5 , 0.6 0 5

114쪽

9 ① 23   ② 230   ③ 2300

10 ① 58   ② 580   ③ 5800

11 ① 9.4   ② 94   ③ 940

12 ① 11.2   ② 112   ③ 1120

13 ① 80.7   ② 807   ③ 8070

14 ① 786.2   ② 7862   ③ 78620

15 ① 26.13   ② 261.3   ③ 2613

16 ① 0.6   ② 0.06   ③ 0.006

17 ① 3.1   ② 0.31   ③ 0.031

18 ① 4.6   ② 0.46   ③ 0.046

19 ① 18.3   ② 1.83   ③ 0.183

20 ① 24.5   ② 2.45   ③ 0.245

21 ① 179   ② 17.9   ③ 1.79

22 ① 351.7   ② 35.17   ③ 3.517

115쪽

23 30.8, 308, 3080

24 73.49, 734.9, 7349

25 25.1, 2.51, 0.251

26 41.7, 4.17, 0.417

27 73.8, 7.38, 0.738

28 0.001

29 0.01

30 0.1

31 10

32 1000

33 100

34 1360, 0.01, 13.6 / 13.6

116쪽

35 ㅂ

36 ㄷ

37 ㅇ

38 ㄴ

39 ㄱ

40 ㅅ

41 ㅁ

42 ㄹ

117쪽 27회 소수끼리의 곱셈에서 곱의 소수점의 위치

117쪽

1 1 3.9 5, 두

2 4.8 1 4, 세

3 1 0 7.5 2, 두

4 3.4 4 4, 세

5 6.2 6 8 2, 네

6 1.1 7 6, 1.1 7 6, 1 1.7 6

7 2.4 4 9, 2.4 4 9, 2 4.4 9

8 4.7 1 2, 4.7 1 2, 4 7.1 2

118쪽

9 ① 0.539   ② 0.0539

10 ① 0.585   ② 0.0585

11 ① 7.41   ② 0.741

12 ① 7.52   ② 0.752

13 ① 8.64   ② 0.864

14 ① 0.936   ② 0.0936

15 ① 14.08   ② 1.408

16 ① 1.534   ② 0.1534

17 ① 18.2   ② 1.82

18 ① 2.106   ② 0.2106

19 ① 21.45   ② 2.145

20 ① 3.071   ② 0.3071

119쪽

21 1.08, 0.108

22 11.76, 0.1176

23 ㄴ

24 ㄷ

25 ㄱ

26

27

28

29

30 3.4, 6.9, 23.46 / 23.46

120쪽

31 (○)
   (   )

32 (   )
   (○)

33 (○)
   (   )

34 (   )
   (○)

35 (   )
   (○)

36 (○)
   (   )

♦ 에스컬레이터

121쪽 28회 4단원 테스트

121쪽

1 ① 1.2 ② 6.8
2 ① 1.82 ② 12.04
3 ① 11.4 ② 45.6
4 ① 23.98 ② 67.58
5 ① 2.8 ② 4.27
6 ① 3.9 ② 6.89

7 ① 31.68 ② 52.16
8 ① 53.2 ② 57.4
9 ① 0.16 ② 0.752
10 ① 0.312 ② 0.416
11 ① 2.76 ② 5.124
12 ① 4.807 ② 13.376

122쪽

13 ① 0.8 ② 2.4
14 ① 1.65 ② 4.55
15 ① 19.2 ② 28.8
16 ① 42.4 ② 71.12
17 ① 23.8 ② 29.54
18 ① 6.5 ② 21
19 ① 1.16 ② 2.32
20 ① 34.5 ② 48.3

21 ① 15.75 ② 28.35
22 ① 32.36 ② 88.99
23 ① 0.63 ② 0.81
24 ① 0.268 ② 0.1072
25 ① 0.0837 ② 0.1953
26 ① 5.64 ② 16.92
27 ① 8.088 ② 9.972
28 ① 17.646 ② 48.267

123쪽

29 11.7, 44.96
30 1.35, 40.04
31 0.58, 0.058
32 1.94, 19.4
33 0.276, 27.6

34 >
35 <
36 <
37 >
38 4.44
39 11.28
40 2.232
41 8.582

124쪽

42 0.4, 7, 2.8 / 2.8
43 75, 4.6, 345 / 345
44 0.75, 0.9, 0.675 / 0.675
45 1.3, 1.2, 1.56 / 1.56

127쪽 29회 직육면체, 정육면체

127쪽

1  직육면체
2  직육면체
3 정육면체
4 정육면체

5 모서리, 꼭짓점, 면
6 면, 모서리, 꼭짓점
7 면, 꼭짓점, 모서리
8 꼭짓점, 면, 모서리

128쪽

9 나, 다, 라 / 라
10 가, 다, 마 / 다
11 가, 라, 바 / 라

12 6, 12
13 8, 6
14 12, 8
15 6, 8
16 12, 8

129쪽

17 (위에서부터) 8, 5, 3
18 (위에서부터) 6, 6, 15
19 (위에서부터) 6, 7, 4
20 (위에서부터) 9, 9, 9
21 (위에서부터) 4, 10, 10

22 4, 12 / 48
23 7, 12 / 84
24 12, 12 / 144
25 직육면체, 12 / 12

130쪽

26
27
28
29
30
31

◆ 수영장, 영화관

131쪽 30회 직육면체의 성질

131쪽

1 ① ②

2 ① ②

3 ①  ②

4 ① ②

5 ① ②

6 (○)(   )

7 (   )(○)

8 (○)(   )

9 (   )(○)

132쪽

10 ㅁㅂㅅㅇ

11 ㄱㅁㅇㄹ

12 ㄱㅁㅂㄴ

13 ㄱㄴㄷㄹ

14 ㄴㅂㅅㄷ

15 ㄱㄴㄷㄹ, ㄴㅂㅅㄷ, ㅁㅂㅅㅇ, ㄱㅁㅇㄹ

16 ㄱㄴㄷㄹ, ㄷㅅㅇㄹ, ㅁㅂㅅㅇ, ㄴㅂㅁㄱ

17 ㄱㄴㄷㄹ, ㄴㅂㅅㄷ, ㅁㅂㅅㅇ, ㄱㅁㅇㄹ

18 ㄱㄴㄷㄹ, ㄹㅇㅅㄷ, ㅁㅂㅅㅇ, ㄱㅁㅂㄴ

133쪽

19 ① ㅁㅂㅅㅇ ② ㄴㅂㅁㄱ

20 ① ㄱㅁㅇㄹ ② ㄴㄷㄹㄱ

21 ① ㄷㅅㅇㄹ ② ㄴㅂㅅㄷ

22 ① ㄱㅁㅇㄹ ② ㅁㅂㅅㅇ

23 면 ㅁㅂㅅㅇ

24 면 ㄱㄴㅂㅁ

25 면 ㄱㄴㄷㄹ

26 면 ㄱㄴㄷㄹ, 면 ㄴㅂㅅㄷ,
면 ㄷㅅㅇㄹ / 3

134쪽

27 (   )(○)(   )(   )

28 (   )(○)(   )(   )

29 (○)(   )(   )(   )

30 (   )(   )(○)(   )

135쪽 31회 직육면체의 겨냥도

135쪽

1 ○

2 ×

3 ×

4 ○

5 ×

6 ○

7 (   )(○)

8 (   )(○)

9 (○)(   )

10 (   )(○)

136쪽

11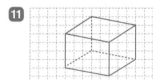

16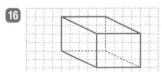

12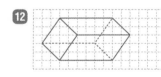

17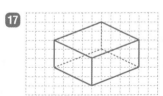

13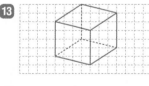

18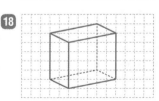

14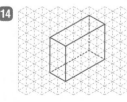

19

15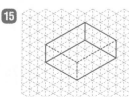

20

137쪽

21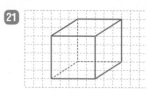

26 63, 21

27 45, 15

28 실선, 점선 / 지후

22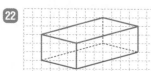

23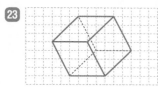

24

25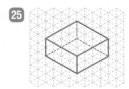

138쪽

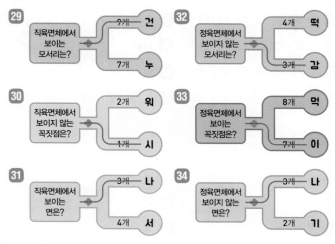

🔶 건시나 감이나

139쪽 32회 정육면체의 전개도

139쪽

1 (○)( )

2 ( )(○)

3 (○)( )

4 (○)( )

5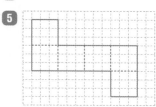

6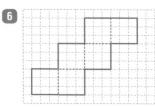

7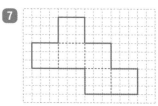

140쪽

8 ① ㅋ
② ㅊ
③ ㅈ

9 ① ㄴ, ㅂ
② ㄱ
③ ㅇ

10 ① ㄷ
② ㅊ, ㅌ
③ ㅁ

11 ① ㄹㄷ
② ㄱㄴ
③ ㅋㅌ

12 ① ㄹㄷ
② ㄱㄴ
③ ㅊㅋ

13 ① ㄱㅎ
② ㅋㅊ
③ ㄹㅁ

141쪽

14
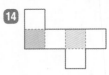

15
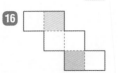

16
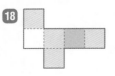

17

18

19

20 바

21 라

22 바

23 7, 3, 4 / 4

142쪽

24 예
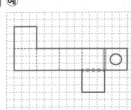

25 예
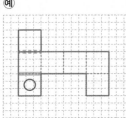

26 예
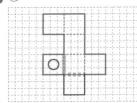

27 예
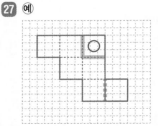

28 예
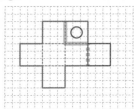

143쪽 33회 직육면체의 전개도

143쪽

1 ( )(○)

2 (○)( )

3 (○)( )

4 ( )(○)

5
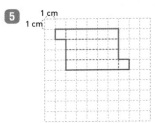

6
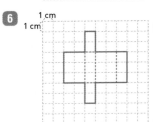

7 예
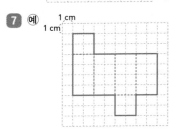

144쪽 ※ 위에서부터 채점하세요.

8 ㄱ, ㄱ, ㅁ

9 ㄱ, ㄹ, ㅇ

10 ㄴ, ㅂ, ㅂ

11 ㄱ, ㅂ, ㅂ

12 7, 4, 3

13 5, 4, 2

14 8, 3, 6

15 9, 2, 2

145쪽

16 ① 바 ② 나, 다, 라, 마

17 ① 라 ② 가, 다, 마, 바

18 ① 가 ② 나, 다, 마, 바

19 ㅇㅅ

20 ㅂㅁ

21 ㅇㅅ

22 6, 5, 22 / 22

146쪽

23 ㄹ

24 ㄱ

25 ㅂ

26 ㄷ

27 ㅁ

28 ㄴ

147쪽 34회 5단원 테스트

147쪽

1 다, 라 / 다

2 가, 라 / 라

3 나, 라 / 라

4 가, 다 / 가

5 나, 다 / 나

6 ㅁㅂㅅㅇ

7 ㄱㄴㄷㄹ

8 ㄱㄴㅂㅁ

9 ㄱㅁㅇㄹ

10 ㄴㅂㅅㄷ

148쪽

11 ① ㅌ, ㅊ   ② ㅎㄱ

12 ① ㄱ   ② ㅅㅂ

13 ① ㄷ, ㅋ   ② ㄷㄴ

14 ① ㅈ   ② ㅁㄹ

15 (위에서부터) 13, 8, 5

16 (위에서부터) 7, 4, 2

17 (위에서부터) 2, 3, 6

18 (위에서부터) 7, 11, 2

149쪽

19 (위에서부터) 4, 6, 2

20 (위에서부터) 10, 13, 9

21 ① ㅁㅂㅅㅇ

   ② ㄴㅂㅁㄱ

22 ① ㄱㅁㅇㄹ

   ② ㄷㅅㅇㄹ

23 63, 21

24 81, 27

25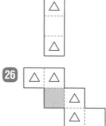

26

150쪽

27 정육면체, 8 / 8

28 실선, 점선 / 지혜

29 7, 4, 3 / 3

30 7, 9, 32 / 32

153쪽 35회 평균 구하기

153쪽

1

○	○	○
○	○	○
승희	민규	아영

/ 2

2

○	○	○
○	○	○
○	○	○
지철	혜란	동호

/ 3

3

○	○	○	○
○	○	○	○
○	○	○	○
나래	승민	은미	규식

/ 3

4 9, 7, 8 / 24, 8

5 13, 16, 10 / 39, 13

6 8, 5, 9, 6 / 28, 7

154쪽

7 8

8 19

9 42

10 9

11 20

12 78

13 5

14 15

15 85

16 32

17 7

18 17

19 40

155쪽

20 아파트 동별 자전거 수   / 19

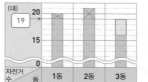

21 학생별 칭찬 붙임딱지 수   / 16

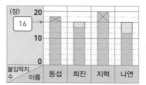

22 275, 5, 55

23 116, 4, 29

24 90, 5, 18

25 152, 4, 38 / 38

156쪽

㉖ 6

㉗ 10

㉘ 24

㉙ 132

㉚ 4

㉛ 77

160쪽

⑳ 35, 있습니다

㉑ 48, 없습니다

㉒ 38, 있습니다

㉓ 40, 있습니다

㉔ 45, 없습니다

㉕ 36, 있습니다

157쪽 **36회 평균 이용하기**

157쪽

1 ① 15, 16 ② 나

2 ① 9, 8 ② 가

3 ① 19, 18 ② 가

4 3, 18 / 18, 6

5 3, 27 / 27, 12

6 4, 96 / 96, 18

161쪽 **37회 일이 일어날 가능성**

161쪽

1 반반이다

2 확실하다

3 불가능하다

4 반반이다

5 불가능하다

6 확실하다

7 불가능하다

8 확실하다

9

10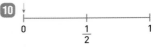

11

12

13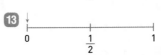

158쪽

7 16, 4, 4 / 18, 6, 3 / 가

8 66, 6, 11 / 60, 5, 12 / 나

9 72, 6, 12 / 80, 8, 10 / 가

10 ① 3, 9 ② 9, 6, 3

11 ① 16, 64 ② 64, 51, 13

12 ① 90, 360 ② 360, 275, 85

162쪽

⑭ ~아닐 것 같다

⑮ 불가능하다

⑯ 반반이다

⑰ ~일 것 같다

⑱ ① 1 ② 0

⑲ ① $\frac{1}{2}$ ② $\frac{1}{2}$

⑳ ① 0 ② 1

㉑ ① $\frac{1}{2}$ ② $\frac{1}{2}$

159쪽

⑬ 75, 77 / 나

⑭ 47, 44 / 가

⑮ 24, 22 / 가

⑯ 5

⑰ 60

⑱ 8

⑲ 30, 5, 115, 35 / 35

163쪽

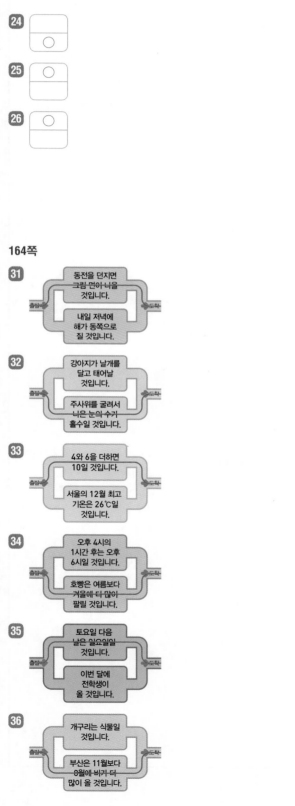

22

23

24

25

26

27 ㉢

28 ㉣

29 ㉠

30 불가능하다 / 0

164쪽

31 동전을 던지면 그림 면이 나올 것입니다. / 내일 저녁에 해가 동쪽으로 질 것입니다.

32 강아지가 날개를 달고 태어날 것입니다. / 주사위를 굴려서 나온 눈의 수가 홀수일 것입니다.

33 4와 6을 더하면 10일 것입니다. / 서울의 12월 최고 기온은 26℃일 것입니다.

34 오후 4시의 1시간 후는 오후 6시일 것입니다. / 호빵은 여름보다 겨울에 더 많이 팔릴 것입니다.

35 토요일 다음 날은 일요일일 것입니다. / 이번 달에 전학생이 올 것입니다.

36 개구리는 식물일 것입니다. / 부산은 11월보다 8월에 비가 더 많이 올 것입니다.

165쪽 **38회 6단원 테스트**

165쪽

1 6

2 41

3 150

4 32

5 63

6 ① 7, 21 ② 21, 14, 7

7 ① 13, 52 ② 52, 39, 13

8 ① 45, 180
   ② 180, 140, 40

166쪽

9 확실하다

10 ~일 것 같다

11 반반이다

12 불가능하다

13 ① 1 ② 0

14 ① $\frac{1}{2}$ ② $\frac{1}{2}$

15 ① 0 ② 1

16 ① $\frac{1}{2}$ ② $\frac{1}{2}$

167쪽

17 36, 4, 9

18 240, 6, 40

19 250, 5, 50

20 4

21 300

22 7

23

24

25 반반이다

26 확실하다

168쪽

27 36, 4, 9 / 9

28 35, 10, 350 / 350

29 42, 5, 160, 50 / 50

30 확실하다 / 1

memo

정답 5·2

동아출판 초등 무료 스마트러닝

동아출판 초등 **무료 스마트러닝**으로
초등 전 과목·전 영역을 쉽고 재미있게!

백점수학 1-1 동영상 학습
응용력을 높여주는 문제 풀이 강의

과목별·영역별 특화 강의

전 과목 개념 강의

국어 독해 지문 분석 강의

구구단 송

그림으로 이해하는 비주얼씽킹 강의

과학 실험 동영상 강의

과목별 문제 풀이 강의

서비스 제공 교재 동아전과 | 백점 시리즈 | 큐브수학 | 빠작 초등 국어 | 초능력 | 초고필 | 하이탑 초등 과학

믿고 보는 동아출판 초등 교재

기초학습서부터 교과서 개념 다지기, 과목별 전문서까지!

초등학교 입학 전부터, 예비 중등까지!

초등학생에게 꼭 필요한 영역을 빠짐없이! **동아출판 초등 교재 라인업**

1 교과서 개념 완벽 학습

백점 | 동아전과
자습서&평가문제집

2 초등 영역별 기초학습서

초능력 국어, 수학, 과학
한국사, 한자

3 과목별 전문서

빠작 | 큐브수학 | 하이탑
뜯어먹는 초등 필수 영단어
그래머 클리어 스타터

4 예비 중등

초고필 국어, 수학, 한국사
적중 반편성 배치고사 + 진단평가

동아출판